프랑스 최고 로스터의 특별한 커피 클래스

기초부터 배우는 커피

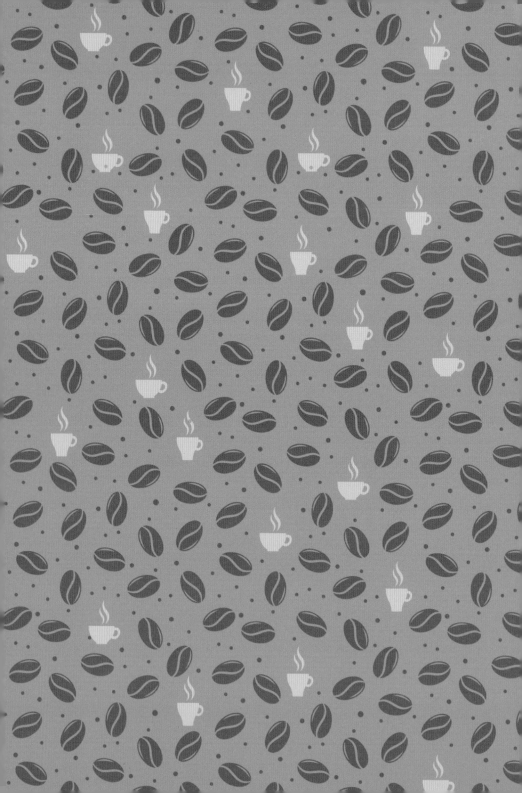

프랑스 최고 로스터의 특별한 커피 클래스

기초부터 배우는
커피

프랑수아 에티엔 지음

배혜영 옮김

잘 알고, 잘 선택해서 따뜻한 즐거움을 경험합시다!

유엑스 리뷰

들어가며

최근 몇 년 사이 커피를 향한 관심이 급증하고 있다. 바리스타와 로스터, 커피 제조업자와 관련 기업까지 커피 전문가들은 커피가 필수품에 그치지 않고 하나의 일상 습관으로까지 거듭나길 바라는 마음에 각자의 방식으로 노력하고 있다. 이 책은 커피 전문가뿐 아니라 커피를 마시는 모든 사람을 위한 것이다. 독자들이 다양한 형태의 커피에 대한 이해 범위를 넓혀 커피를 재발견할 수 있었으면 하는 바람이다. 구체적 정보와 경험적 지식, 소비 요령과 갖가지 비법을 총망라했다.

'로스터'라는 직업 덕분에 나는 커피를 마시는 사람들이 궁금해하는 점과 염려하는 점을 그 누구보다 가까이 접할 수 있었다. 커피 소비자와 그들의 커피 이야기(자신의 취향, 보유한 장비, 희망 사항 등)에서 출발해 독자를 자신의 일상 속으로 인도하는 것이 이 책이 가고자 하는 방향이다. 어떤 상품을 택할 것인지, 커피 한 잔을 즐기기 위해 어떻게 해야 하는지, 좋은 커피를 결정짓는 요인은 무엇인지 이 책을 통해 독자들이 커피의 기초를 익히고, 집에서 시도해 볼 만한 레시피로 의욕을 한층 고취하여 새로운 지평을 열어갔으면 좋겠다.

커피, 내가 만나 온 길

첫 번째 만남 이른 아침, 부모님의 드립 커피 향기

두 번째 만남 각설탕. 커피에 흠뻑 적신 각설탕 한 조각. 다들 부모님께 받아먹어 보았을 바로 그 설탕 조각. 기분도 좋고 맛도 좋다!

어린 시절 케이크로 맛본 기쁨. 오페라Opéra(커피시럽에 적신 아몬드 스펀지케이크와 가나슈, 커피 맛 버터크림을 층층이 쌓고 제일 위에 초콜릿 글레이즈를 얹은 케이크), 를리지외즈Religieuse(모카크림을 채워 넣은 슈. 기도하는 수녀의 모습을 본 따 만들었다고 한다), 티라미수 등등 커피 특유의 맛을 참 좋아했다.

청소년 바나니아Banania('제티'나 '네스큉'처럼 우유에 타 먹는 코코아 분말. 주로 어린이들이 아침 식사 대용으로 애용한다)를 졸업하고 모닝커피를 마시기 시작, 또 카페에서 가장 싼 값에 마실 수 있는 음료인 에스프레소를 마시기 시작했다.

대학생 정신없는 학업 리듬을 쫓다 보니 카페인은 없어서는 안 될 파트너가 되었다.

여기까지는 다른 사람들의 커피 경험의 생애주기와 크게 다르지 않다. 그렇다면 어떻게 달콤한 커피를 마시던 사람이 커피 전문가로 거듭나게 되는 걸까? 어떤 계기나 전환점, 그리고 여러 경험과 만남이 가져온 결과일 것이다.

런던에서 체인점 커피숍 바리스타로 일하던 시절에는 커피 맛이 별로였기 때문에 좋은 커피를 발견하진 못했다. 대신 커피의 즐거움을 알게 됐다. 커피를 재료 삼아 창의적이고 혀끝을 자극하는 음료를 만드는 일에서 큰 즐거움과 매력을 느끼게 된 것이다. 프랑스로 돌아와서 에스프레소 머신을 장만한 나는 난생처음으로 로스터리의 문을 두드렸다. 그곳은 파리에 있는 고블린 로스터리숍Brûlerie des Gobelins이었다. 그때 나는 찌릿하고 전기가 통했다. 커피 내음, 로스팅 기계, 십여 가지 다양한 커피가 가득 담긴 사일로(곡식 저장 시설)에 한눈에 반해버린 것이다. 전부 맛보고 음미하고 자세히 알고 싶어졌다. 전문 지식을 갖추고 싶었다. 로스팅 장인이 되겠다는 생각은 뜻밖이었지만 완강했다. 내가 이 일을 배우고 여기에서 열정을 찾게 된 것은 각자 다른 방식으로 일하는 여러 로스터를 만나고, 그들에게 도움을 받은 덕택이다. 내가 깨달은 바는 이렇다. 정도가 있는 것이 아니다. 정수가 있을 뿐이다. 커피 한잔에 담긴 정수 말이다.

(f) 페이스북: facebook.com/lescafesdefrançois
(◎) 인스타그램: @lescafesdefrançois
(⊕) LES CAFÉS DE FRANÇOIS (저자 소유의 가게 이름. '프랑수아의 커피')

LES CAFÉS DE FRANÇOIS
ARTISAN · TORREFACTEUR · PARIS

차례

⎯01⎯ 일상 속 커피 11

맛있는 커피를 만들기 위한 6가지 지침 12
시중에 유통되는 커피의 7가지 주요 문제점 15
슈퍼마켓에서 커피 고르기 18
로스터리에 가면 22
커피를 어떻게 보관할 것인가? 28
커피 직접 분쇄하기 30
처음 방문한 장소에서 확실한 지표가 되어 줄 몇 가지 징후 35
커피, 설탕을 넣을 것인가 말 것인가? 38
커피 시음하기 41
커피와 건강 47
카페인 섭취량을 줄이는 팁 53
찌꺼기 남기지 않기 57
캡슐 커피에 대해 어떻게 생각하시나요? 61

⎯02⎯ 커피 추출 기구 67

기초 원칙 68
하리오 V60 70
에스프레소 추출 기구 73
전자동 에스프레소 머신 80
케멕스 87
에어로 프레스 90
터키식 커피 체즈베 93
한 방울씩 차갑게 추출하는 콜드 드립 96
전기 커피메이커 99
모카포트 102
프렌치 프레스 105

03 커피로 만드는 달콤하고 짭조름한 21가지 레시피 113

커피, 라즈베리, 홍차 시럽 칵테일 115
코코넛 밀크와 아몬드 아포가토 117
바나나 초콜릿 커피 타르트 119
남은 크렘 앙글레이즈와 흑기사 121
생크림으로 재해석한 스페큘러스 아이리시커피 123
피스타치오 아이스커피 125
모히토 커피 126
커피크림 샬롯 소스를 곁들인 서로인 스테이크 129
베트남식 아이스커피 131
민트 콜드브루 133
커피 크럼블과 작은 새우를 곁들인 아보카도 베린 134
커피 초콜릿 아이스 뷔슈 137
오렌지 시나몬 에스프레소 139
마르키즈 모카 140
수많은 단층식 레시피 142
패션프루트 통카 오페라 145
커피즙을 곁들인 스튜 냄비 닭가슴살 요리 149
커피 캐러멜을 입힌 양파 페이스트리 155
카다멈 레몬 에스프레소 157
아몬드와 커피 그리고 붉은 과일로 만든 100퍼센트 비건 베린 158
새로운 형태의 레몬 커피 프랄린 타르트 161

04 커피가 되기까지의 그 모든 과정 167

놀라운 커피 발견의 역사 169
커피의 세계 정복 170
알아 두어야 할 두 가지 품종, 아라비카와 로부스타 172
커피나무를 키워 커피를 포대 자루에 담을 때까지 174
로스팅은 어떻게 이루어지는 걸까? 181
로스터가 하는 일 183

카페에서 들을 수 있는 재미있는 이야기들 187
감사의 말 189

01
일상 속 커피

원두를 납품하면서 커피에 대한 대중의 관심을 체감했다. 이제 커피는 아침잠을 쫓는 실용품으로서의 단순한 기능을 뛰어넘어 하나의 즐길 거리로 거듭난 것이다.

사람들에게 이런 식의 질문을 자주 받는다. "어디 산 원두를 가장 좋아하시나요?", "저는 쓴 커피는 싫어하는데, 어떤 걸 마셔야 할까요?"

우선 본인이 커피의 어떤 면을 좋아하는지를 파악하는 것이 제일 중요하다. 에스프레소의 쓴맛을 비난하는 이가 있는가 하면 드립 커피는 묽고 맛이 없다며 공격하는 이도 있다. 우리는 실로 다양한 커피 취향과 입맛을 가졌다. 세상에 커피가 단 한 가지 종류만 존재하는 것도 아니니 말이다.

커피 애호는 엘리트 계층의 전유물이 아니다. 와인처럼 생각하면 된다. 질 좋은 와인을 즐기기 위해 와인 전문가가 될 필요까지는 없지 않은가? 이 책에서는 커피를 일상적으로 접근하려 한다. 여러 가지 팁을 제공함으로써 커피를 둘러싼 여러 진실과 통념을 넘어 자기 구미에 딱 맞는 커피를 찾을 수 있도록 안내하고, 이를 통해 커피의 진수를 체험하고 커피를 더 깊이 알아가도록 도울 것이다. 실용적이고 재미있는 접근 방식을 택해 모든 커피 애호가를 사로잡고자 한다.

맛있는 커피를 만들기 위한 6가지 지침

① 좋은 커피 찾기

최소한 꼭 갖춰야 할 조건이다! 모든 사람의 입에 맞는 커피는 이 세상에 존재하지 않는 것이나 마찬가지다. 무조건 좋은 커피는 없고 각자 선호하는 커피가 있을 뿐이다. 좋은 커피라는 것은 결국 취향 문제다. 그러므로 자신의 기호를 파악하고자 노력해야 한다. 커피에 관심을 가져보자. 입안에 흘러들어 온 커피가 건네는 이야기를 경청하다 보면 이 커피가 마음에 드는지 안 드는지 감이 올 것이다. 원산지, 맛, 로스팅 강도는 커피 추출 방식(드립 커피, 에스프레소 머신, 모카포트 등)에 맞춰 고려해야 한다. 같은 커피일지라도 드립 커피로 내릴 때와 에스프레소로 추출할 때 그 결과가 다르다. 좋은 커피를 구매하는 것은 자신의 커피 기호를 탐구하는 과정이다. 쓴맛과 진한 정도뿐 아니라 산미와 아로마, 바디감을 느껴보자. 그러려면 커피를 음미하는 법을 배워야 하고 차이를 느낄 줄 알아야 하며 커피를 시음하고 비교해 보는 과정을 거쳐야 할 것이다. 커피는 잠을 깨기 위한 필요악이 아니라 스스로 선택하는 즐거움이다.

② 필요에 맞는 커피 추출 기구 갖추기

아침마다 연한 블랙커피를 큰 사발째 마시는(프랑스식 아침 식사 문화) 사람에게 밀도 높고 진한 커피를 추출하는 에스프레소 머신은 적합하지 않다. 에스프레소 머신은 20초간 가장 맛있는 커피를 추출하는데 이 커피가 사발에 담긴 다음에는 부유하던 쓴맛이 더 강해질 뿐이니 말이다. 이런 경우에는 하리오 V60이나 케멕스 드리퍼를 사용해 여과식으로 추출하는 것이 더 좋지 않을까? 반면 밀크커피를 주로 마시는 사람은 에스프레소 머신을 이용하면 맛 좋은 밀크커피로 여러 잔을 가득 채워낼 수 있다. 자신이 즐기는 커피 타입에 따라 알맞은 추출 기구를 택하는 것이 얼마나 중요한지를 보여 주고자 꺼낸 이야기다. 진한 커피나 연한 커피, 설탕을 넣거나 넣지 않은 커피, 우유를 넣거나 넣지 않은 커피 등. 뒷장에 이어지는 내용을 참고하면 각자의 커피 취향에 안성맞춤인 기구를 선택하는 데 도움이 될 것이다.

③ 신선한 커피 사기

신선한 커피가 모든 것을 바꾼다. 제과점에서 구워낸 빵과 대형할인점에서 판매하는 진공 포장 빵은 비교 대상조차 안 된다는 사실에 모두 동의할 것이다. 익혔거나 생물 상태인 식품은 어떤 방식의 가공처리 과정을 거쳤고 어떤 첨가 물질이 들어갔느냐에 따라 변질 속도가 다르다. 커피는 시간이 지날수록 본연의 아로마를 잃는다. 가능한 한 신선한 커피를, 로스팅 일자로부터 한 달이 지나지 않은 커피를 구매하자. 그렇게 하기 위해서는 집 근처 로스터리나 온라인 매장을 이용하는 등 유통 동선을 최소화하는 편이 좋다.

④ 필요한 순간에 분쇄하기

시간이 지날수록 커피 맛은 떨어지기 때문에 그 맛을 오랫동안 그대로 만끽하고 싶다면 꼭 따라야 할 지침이다. 커피를 갈면 통원두 상태일 때보다 산화되는 면적이 10,000배 늘어난다. 5분만 지나도 산소는 벌써 아로마를 파괴하기 시작한다. 대책은? 바로 그라인더를 구매하는 것!

⑤ 알맞은 분쇄도 정하기

각각의 커피 추출 기구는 각각 특정 굵기로 분쇄된 커피 입자를 만났을 때 비로소 제 기능을 한다. 분쇄 정도가 커피 추출에 영향을 주기 때문이다. 원두 입자 표면이 물과 맞닿아 있는 시간은 제조 결과물에 지대한 영향을 미친다. 각 기구에 맞는 분쇄도(가는 분쇄, 중간 분쇄, 굵은 분쇄 등)가 다 따로 있다. 이를 무시하면 커피를 망칠 뿐이다. 비법 따위는 없다. 좋은 그라인더를 갖추거나 원두 분쇄 서비스를 제공하는 로스터리에서 알맞은 분쇄도로 커피를 갈아오자.

⑥ 맛있게 제조하기

맛 좋은 커피를 마시려면 원두가 맛있어야 하고 로스팅이 잘돼야 하며 원두를 적절한 분쇄도로 갈아야 하고 맛있게 제조해야 한다. 이 네 단계가 잔에 담긴 커피의 질을 좌우한다. 각 추출 기구의 제조 지침을 지키고 이러저러한 함정을 피해야 맛 좋은 커피가 나온다. 너무 빠르거나 너무 뜨겁거나 너무 미지근하거나 너무 연하거나 너무 가늘거나 너무 굵거나 하는 함정 말이다. 커피를 맛있게 만드는 것은 그리 어려운 일이 아니다. 단지 올바른 방식을 익혀야 할 뿐이다.

시중에 유통되는 **커피**의
7가지 주요 문제점

슈퍼마켓, 카페나 바에 가면 시중에 유통되는 일반 커피를 마주하게 된다. 이런 시중 커피는 아무 풍미가 없거나 너무 쓰기만 해서 광고에서 나온 브라질 농부가 특별한 원두라고 자부한, 꽤 괜찮은 선택일 것 같았던 그 이미지와는 달라도 한참 다르다. 수익을 내려면 대량 유통을 할 수밖에 없고 규모의 경제가 나타나는 시장에서는 의심의 여지없이 커피의 질이 낮아지게 된다. 이 모든 생산 과정이 잔에 담긴 커피, 즉 최종 결과물에 영향을 미친다. 그럼 이제부터 "왜 맛이 없을 수밖에 없는지" 그 이유를 알아보자.

① 낮은 해발고도

커피나무는 높은 곳에서 자랄수록 더 맛있는 커피를 만들 수 있다. 커피는 열대기후 지역의 산지에서 자라는데 해발고도가 낮아질수록 다량의 나무를 심기 쉬워 농장의 생산 효율이 증대할 수 있다. 그래서 시중에 파는 다수의 저가 커피에는 로부스타가 함유돼 있다. 로부스타는 아라비카와는 달리 해발고도 200m 이상의 비교적 고도가 낮은 곳에서부터 자라기 때문이다. 또 평지에서 재배된 아라비카는 산지에서 재배된 아라비카보다 훨씬 맛이 덜하다. 밀도 차이 때문인데, 더 자세한 설명은 177쪽 내용을 참고하기 바란다.

② 기계식 수확

기계는 사람보다 훨씬 더 많은 양의 커피 열매를 수확한다. 그런데 문제는 기계는 지나가는 길에 있는 열매를 전부 쓸어 담는다는 것이다. 잘 익은 열매뿐 아니라 아직 채 무르익지 않은 열매까지 다 따버린다. 시중에 유통되는 커피는 대부분 이러한 방식으로 수확되는데 이러한 기계식 수확은 셰이드 그로운(그늘 경작법) 방식으로 재배를 할 수 없게 하고 커피 품질에 영향을 미친다.

③ "플래시" 로스팅

200℃ 온도로 10분에서 20분가량 커피를 볶아 내는 전통적 방식과는 대조적으로 플래시 로스팅을 하면 생산량이 어마어마해진다. 플래시 로스팅은 어떻게 하는 걸까? 바로 채 2분도 안 되는 시간 동안 900℃에서 볶아 내는 것이다. 그런 고온에서는 커피의 아로마가 극대화되는 화학작용(마이야르 반응, 183쪽 참고)이 일어날 수 없다. 몇 시간 동안 약한 불에서 한참 끓여 낸 포토푀Pot-au-feu(고기와 채소를 넣고 푹 끓여 낸 프랑스 가정식 수프. 불 위의 냄비라는 뜻)와 20분 만에 끓여 낸 포토푀를 서로 비교한다고 생각해 보자. 그 맛은 천지 차이일 것이다. 이렇게 볶은 커피에는 그저 탄 맛만 남아 있을 뿐이다.

④ 물을 이용한 냉각 방식(워터 퀜칭Water quenching)

볶은 커피를 로스팅 기계에서 꺼내면 아주 빠르게 식혀 계속해서 익는 것을 방지해야 한다. 원두를 냉각하는 방식에는 두 가지가 있다. 첫 번째 방식은 공기를 이용하는 것인데 로스팅 기계의 원통 드럼에서 원두를 꺼내자마자 바로 바람을 쐬게 하는 냉각 방식(에어 퀜칭Air quenching)이다. 두 번째 방식은 물을 이용하는 것이다. 플래시 로스팅을 하면 이 두 번째 방식으로 냉각할 수밖에 없는데 그래야 커피가 더 타버리는 것을 막을 수 있기 때문이다. 물을 이용하는 냉각 방식의 장점은 로스팅 과정 중에 손실된 커피의 무게를 다시 회복할 수 있다는 점이다. 그러나 수분이 커피를 산화시키고 포장지 안에서 우러나올 아로마가 줄어든다는 단점이 있다. 또 몇 달간 포장지 속에 갇혀 있던 커피에서 나기도 하는 역한 맛의 원인이 되기도 한다. 더 가관인 것은 이 냉각 방식을 마케팅 수단으로 사용하는 때도 있다는 것이다!

⑤ 획일화된 분쇄도

대부분 필터(종이)를 사용해 드립 커피를 내릴 때 가장 적합하고 모카포트에서는 사용할 수 있는 입자 굵기로 분쇄도가 획일화돼 있다. 이 정도 굵기의 분쇄도는 프렌치 프레스(입자가 더 커야 함)나 에스프레소 머신(입자가 더 작아야 함)에는 맞지 않는다. 게다가 커피는 신선 제품이기 때문에 아무리 진공 포장을 했다고 해도 분쇄 직후부터 변질되기 시작한다.

⑥ 신선도 무시

시중에 유통되는 커피에서 상품의 신선도를 나타내는 로스팅 날짜 정보를 확인할 수 있는 경우는 거의 없다. 또 유통기한이 한참 남은 경우가 많아 재고 관리를 그리 빡빡하게 하지도 않는다. 그래서 슈퍼마켓의 커피 판매대에는 로스팅한 지 일 년도 넘은 커피가 남아 있기도 하다.

⑦ 진공 포장

산소를 완전히 차단했기 때문에 커피의 아로마를 잘 보존할 수 있는 확실한 방법이리라 생각했을지도 모른다. 하지만 한 가지 어려운 점이 있다. 로스팅한 원두는 며칠에 걸쳐 이산화탄소를 배출하기 때문에 포장지가 부풀어 오른다. 진공 포장을 한 경우에는 커피 봉지가 풍선처럼 부풀어 터져버리는 것을 막기 위해 포장 작업 전에 미리 커피를 통풍이 잘되는 장소에 두어 가스를 날려 보낸다. 결국, 커피는 포장도 되기 전에 이미 본연의 아로마를 잃어버리는 것이다.

───── 말롱고Malongo, 가공 원칙을 철저히 지키는 예외 브랜드 ─────

말롱고사는 프랑스 기업에서 중요시하는 가치(공정거래와 유기농 생산) 이상의 것을 추구해 동종 업계 내에서도 두각을 나타낸다. 어떤 점이 다를까? 대량 유통 체제의 제약을 고려하되 최대한 상품을 있는 그대로 보존하기 위해 노력한다는 점이다.

- 낮은 온도에서 슬로우 로스팅하기
- 공기를 이용한 방식의 원두 냉각
- 수확한 뒤에 원두 고르기

슈퍼마켓에서
커피 고르기

무슨 말도 안 되는 소리냐고? 물론 그렇다. 하지만 솔직히 잘 생각해 보자. 슈퍼마켓에서 커피를 살 일이 생길 수밖에 없다. 커피가 절대로 떨어질 일이 없도록 항상 비축해 두는 커피광도 있겠지만 집 근처에 공방식 로스터리가 없는 사람도 있고 공휴일에 갑자기 커피가 바닥난 사람도, 휴가를 떠난 사람도 있을 테니 말이다. 슈퍼마켓에서는 어떤 커피를 골라야 할까? 워낙 선택지가 많다 보니 최상의 선택 그리고 최소한 가장 덜 나쁜 선택을 하는 것은 꽤 어려운 일이다.

신선도 보장, 커피 품질 보장 등 상품에 붙어 있는 라벨은 상품을 계산대에 올릴지 말지 고민할 때 판단의 주요 근거가 된다. 커피 포장지에 붙어 있는 라벨만 제대로 읽을 줄 알아도 좋은 상품을 선별하고 상품을 제대로 판별할 수 있다.

구매하자!

⇨ **아로마 밸브:** 커피는 로스팅 공정 이후 며칠 동안 이산화탄소를 방출한다. 아로마 밸브는 겉 포장 상단에 위치하는데 커피가 내뿜는 가스를 밖으로 배출할 수 있도록 하되 산소가 봉투 안으로 유입되는 것은 막는다. 봉지를 꽉 쥐어보자. 커피 향기가 느껴질 것이다.

⇨ **공방식 로스팅:** 커피에 잠재된 아로마를 끄집어내는 데 있어 오랜 시간 동안 커피를 볶는 것만큼 좋은 방법도 없다.

⇨ **로스팅 날짜:** 커피가 신선할수록 변질 가능성이 작다. 날짜가 적혀 있는데 아주 최근이라면, 망설일 것 없다!

⇨ **100퍼센트 아라비카:** 겉 포장에 '아라비카'라는 말이 안 적혀 있다면 훨씬 질이 떨어지는 로부스타가 함유됐다는 뜻이다.

⇨ **해발고도:** 해발고도 1,500m 이상의 높이에서 재배됐다면, 선택하지 않을 이유가 없다.

⇨ **유기농 및 공정무역 인증마크:** 이런 인증마크가 붙은 상품을 우선순위에 두자. 꼭 품질을 위해서라기보다는 커피 생산에 있어서 꽤 중요한, 사회와 환경에 미치는 영향을 고려하기 위해서다.

유기농 제품을 사야 할까?

원칙적으로는 그렇다. 환경을 위해 더 좋기 때문이다. 그런데 그냥 유기농이 있고, 고지대 유기농이 있다. 고도가 높은 산지에서 자라는 커피나무는 병충해에 덜 취약하고 따라서 인간의 개입이 줄어든다. 평지에서는 카티모르Catimor와 같이 상대적으로 병충해에 강한 품종을 재배하는데 이런 품종은 맛이 부족한 감이 있어 전문가 집단의 비판 대상이 되곤 했다.

경계할 것!

⇨ **진공 포장:** 포장된 커피가 단단한 벽돌 같다면? 이는 십중팔구 포장 전에 긴 시간 가스 제거 작업을 거쳐 커피가 이미 아로마를 잃어버렸을 것이란 뜻이다.

⇨ **이탈리안 로스트 혼합:** 그럴싸해 보이지만 로부스타가 들어 있을 가능성이 크다. (로부스타는 훨씬 더 쓰고 카페인 함유량이 상대적으로 높은 품종이다.)

⇨ **정보 없음:** 라벨이 아무것도 없다는 것은 원산지, 품종, 로스팅 공정과 수확 방식이 보잘것없다는 뜻이나 다름없다. 또 맛없는 커피일 가능성이 크다.

그 지역에서 공방식으로 로스팅한 커피
대형마트에서도 가능성이 보인다!

몇몇 브랜드는 해당 지역에 있는 작은 로스팅 회사와 협력하는 "도박"을 한다. 본래 소비자의 시선을 끌어야 할 패키징은 그저 그럴 수 있지만, 커피 품질은 월등히 좋다. 슈퍼마켓 와인 판매대에서 좋은 와인을 선별할 때와 마찬가지로 좋은 커피를 고를 때도 알아두면 좋을 만한 몇 가지 팁이 있다.

- 크래프트지로 포장된 것을 찾아보자(이런 커피 10개 중 9개는 공방식으로 가공한 것이다).
- 로스팅 날짜를 살펴보자.
- 겉 포장에 '공방식artisan'이라는 말이 있는지 확인하자.
- 자신의 코를 믿어보자. 아로마 밸브가 장착됐다면 봉투를 꽉 쥐었을 때 안에 담긴 커피 향이 내뿜어져 나올 것이다.

인증마크 읽기

아래 나열하는 인증마크 대부분은 다른 식품에서도 찾아볼 수 있어 그리 낯설지 않을지도 모른다. 커피 겉 포장에 이런 마크가 있다면 그 상품이 어떤 방식을 거쳐 생산됐는지를 알 수 있는 지표가 될 것이다. 이러한 인증마크는 몇 가지 환경적, 사회적 규범을 지켰다는 표식이다. 그러나 인증마크가 있다고 해서 내용물의 맛적인 부분의 품질을 보장하는 것은 전혀 아니다.

아그리퀼튀르 비올로직AB, Agriculture Biologique: 살충제나 화학물질을 사용하지 않고 재배한 농산물이라는 인증이다. AB나 에코서트Ecocert 인증마크는 원두 생산부터 로스팅 공정, 포장단계까지 전 제조과정을 보증한다.

막스 하벨라르 공정무역Fairtrade Max Havelaar: 상품의 전 제조과정에서 생산자에게 정당한 대가를 지급하고 온당한 근무 조건을 준수하며 작업한다는 인증이다. 관리를 통해 환경적 측면만큼이나 사회적 측면을 중요시하는 헌장을 준수하도록 한다.

열대우림 동맹 인증Rainforest Alliance Certified : 레인 포레스트 얼라이언스Rain Forest Alliance는 비정부기구NGO로 생산자가 지속 가능한 발전과 생태계 보전을 위한 시스템 안에서 작물을 재배한다는 인증이다.

 우츠 인증UTZ Certified : "우츠UTZ"는 마야어로 "좋다good"는 뜻이다. 관리체계 아래에 있는 독립 인증마크로서 농산물 재배지 인부들에게 좋은 근무 환경을 제공하고, 환경에는 최소한의 영향을 미친다는 인증이다.

 스미소니언 철새연구소 조류친화 인증Bird Friendly, SMBC : 조류친화 인증은 산림 파괴 위협을 받는 조류와 그 외 야생동물 서식지를 보호하고자 한다. 커피 재배로 큰 타격을 받는 자연환경을 보존하는 것이 이 프로그램의 목적이다.

로스터리에 가면

왜 로스터리에 가야 할까? 어떤 것을 골라야 할까?

로스터란 녹색 빛깔의 생두를 선별하고 자신이 계획한 로스팅 프로파일대로 원두를 볶아 내는 장인을 일컫는 말이다. 그래서 우리는 전통적인 방식으로 자신의 색깔이 담긴 커피를 만드는 로스터에게 가면 대형 슈퍼마켓에서보다 당연히 더 맛있는 커피를 얻게 되리라 믿어 의심치 않는다. 그런데 우리는 그 이유를 제대로 알고 있는 걸까?

신선도

신선도는 커피에서 가장 중요하게 여겨야 할 부분 중 하나다. 커피는 신선 제품이다. 따라서 시간이 흐를수록 산화 작용이 일어나 본연의 아로마를 잃어간다. 신선함은 그 어떤 캡슐 커피에서도 유기농 마트에서도 찾을 수 없다. 제빵사가 방금 구워낸 빵처럼 막 새로 볶았기 때문에 맛이 좋은 것이다!

알아 두기

아주 신선한 커피가 마냥 좋은 건 아니다. 로스팅 이후 최소 48시간은 기다려야 그 커피 본연의 아로마를 제대로 즐길 수 있다. 커피는 가스를 방출한다. 이 48시간 동안에 커피가 이산화탄소를 방출한다는 것이다. 따라서 아직 커피에 잠재된 아로마가 극대화된 상태가 아니다. 만약 로스팅 당일에 커피를 구매했다면 이틀 정도 기다렸다가 시음하도록 하자.

가능한 한 신선한 커피를 얻으려면 다음과 같은 원칙을 지켜야 한다

⇨ 꼭 로스팅 날짜를 물어보자. 로스팅 후에 한 달이 지나지 않아야 한다.

⇨ 미리 갈아 놓은 커피는 무조건 피하자. 분쇄된 커피는 공기와의 접촉면이 10,000
    배 더 넓어서 훨씬 더 빠르게 산화된다. 당신이 보는 앞에서 분쇄된 원두가 좋다.

⇨ 어떤 커피가 가장 잘 팔리는지 물어보자. 베스트셀러는 더 자주 로스팅하기 때문에
    더욱 신선하고 또 가장 믿고 살 수 있는 상품이기도 하다. 방문한 로스터리의 하우
    스 블렌드(원두를 섞는 비율이나 로스팅 방식 등을 달리해서 그 집만의 독특한 블
    렌드를 만들어 낸 것으로 해당 업체의 대표 상품을 일컫는 말)는 대부분 압도적으
    로 인기가 높으므로 첫 방문이라면 위험 부담 없이 택하기 좋다.

여행을 가면?

커피로 유명한 쿠바, 페루, 에티오피아로 여행을 떠날 예정이고 당연히 커피를 사서 돌아올 생
각이라면? 잘 생각했다. 이런 식으로 자신의 기호를 테스트해 보는 것이다. 그러나 주의할 사
항이 한 가지 있다. 현지 대형 브랜드보다는 작은 로스터리를 우선순위에 두어야 한다는 것이
다. 공방식으로 제조됐더라도, 로스팅 날짜를 꼭 확인하는 것이 좋다. 좋은 커피도 변질되면 그
냥 변질된 커피일 뿐이다.

공방식 로스팅

공방식 로스팅은 낮은 온도에서 천천히 원두를 볶는 방식이기 때문에 원두 알 하나하나 본연의 아로마를 완전히 발달시킬 수 있다. 아주 높은 온도에서 짧은 시간 동안 원두를 볶아 내는 대형 기업의 로스팅 방식과는 대조적이다. 그래서 이 공방식 로스팅에 대해 알아보려 한다. 공방식 로스팅은 긴 시간 동안 약한 불에서 익힌 음식처럼, 시간이 오래 걸렸기 때문에 맛이 좋은 것이다.

로스터는 전문 지식을 갖춘 직업인이라는 사실을 잊지 말자. 로스팅 장인은 모두 자기가 만드는 커피 맛을 한층 더 끌어올리기 위한 자신만의 로스팅 비결을 가지고 있다. 그러니 어떤 가게의 모카 시다모Moka Sidamo(에티오피아의 시다모 지방에서 생산되는 커피)는 맛있었는데 다른 가게의 모카 시다모는 별로였다고 해서 이상하게 여길 필요는 없다. 물론 로스팅 공정이 전부는 아니므로 오해하진 말았으면 한다. 모든 로스터가 같은 품질과 같은 품종의 원두를 사용하는 것도 아니고 같은 원두일지라도 생산자의 역할에 따라, 또 수확 이전에 커피나무를 다루었던 방식에 따라서도 맛이 달라지기 때문이다.

커피의 다양한 맛

새큼한 맛, 카카오 향, 묵직한 바디감, 과일 향, 꽃 향, 미묘한 맛, 쓴맛, 원산지별, 재배 지역별, 품종별로 각각 맛의 특징이 확실하다. 로스터가 원두에 내재한 잠재력을 어떻게 발현시키려고 마음먹었느냐에 따라 아주 다른 맛이 날 수 있다! 로스팅 프로파일에 의해 같은 커피라도 다른 맛이 날 수 있다. 또 나라마다 선호하는 맛이 다 다르다. (185쪽의 로스팅 섹션 참조)

═══ 나만의 블렌드를 만들어 보자! ═══

발자크Honoré de Balzac(프랑스 작가로 커피광으로도 유명하다)도 만들었다고 하는데 당신이라고 못할 이유가 없다. 블렌드란 맛의 배합 원칙에 따라 커피를 조합한 것이다. 강하게 로스팅한 바디감이 무거운 커피와 과일 향이 나고 산미가 있는 커피를 섞는 것도 충분히 가능하다. 로스터는 뜨거운 상태로 블렌딩할 것인지(로스팅 전에 섞는 것) 차가운 상태로 블렌딩할 것인지(당신에게는 유일한 선택지일 것이다)를 선택한다. 당신 역시 이 연금술을 시험 삼아 한번 해 볼 수 있다. 모험이 시작될 것인가!

레스토랑과 마찬가지로 로스터리에서도 판매하는 상품 종류가 너무 많다면 그리 좋은 징조는 아니다. 판매 상품의 신선도가 떨어질 수 있기 때문이다. 커피 종류마다 재고 상황이 다르다. 어떤 커피는 방금 로스팅한 것일 수도 있고, 어떤 커피는 그렇지 않을 수도 있다. 250g 한 봉지에 30~40유로를 호가하는 자메이카산 블루마운틴 Blue Mountain 커피처럼 값비싼 커피의 경우 후자일 가능성이 크다. 이런 고가의 커피는 그 판매점에서 가장 안 팔리는 상품이지 않겠는가?

나의 조언: 로스팅 날짜가 기재되지 않았다면 꼭 물어볼 것!

전문가의 조언과 서비스

어떤 종류의 커피가 자신의 입에 맞는지를 파악하기란 매우 어렵다. 본인의 취향과 커피 추출 방식, 사용하는 추출 기구의 종류에 따라 모두 달라지는 문제이기 때문이다. 각각의 커피는 어떻게 우려냈는지(터키식, 프렌치 프레스), 압력으로 추출했는지(에스프레소 머신, 모카포트) 아니면 여과식으로 내렸는지에 따라 더 맛있을 수도, 덜 맛있을 수도 있다. 이에 특화된 전문가는 이런 모든 매개 변수를 종합하여 맞춤형 제안을 하는 역할을 한다. 로스팅 장인이라면 자신이 개별적으로 다루는 커피 종류의 프로파일을 모두 가지고 있어 당신에게 각 커피의 강점과 약점을 알려 줄 수 있을 것이다.

당신이 사용하는 커피 추출 기구에 맞는 분쇄도로 원두를 갈아야 그 커피가 가진 본연의 아로마를 가장 잘 드러낼 수 있다. 그라인더가 없어서 분쇄 서비스를 제공하는 곳에 원두를 맡겨야 한다면 전문가가 당신의 커피 기구에 맞춰 원두를 갈아 줄 것이다.

커피 구매자가 해야 할 일

 로스팅 날짜 물어보기: 커피를 고를 때에는 커피가 신선한지, 로스팅한 지 한 달이 넘지 않았는지 반드시 확인한다!

 항상 필요한 순간에 커피 분쇄하기: 이때 분쇄도는 자신이 가지고 있는 커피 추출 기구에 맞춰야 한다. 필요한 순간에 커피를 분쇄해야 훨씬 산화가 덜 하다.

 가장 잘 팔리는 상품을 우선순위에 두기: 인기상품은 훨씬 자주 로스팅하게 돼 있으므로 더 신선하다.(선택지가 너무 많으면 원두의 신선도가 그만큼 낮아질 수 있으니 주의할 것)

 자신의 의견 알리기: 어떤 커피가 마음에 들었는지 또 어떤 커피가 별로였는지 알려 주면 조언하기가 더 좋다.

 시음을 요청해서 견문을 넓히자.

 원두 상태로 커피 비축하기: 로스터리에 자주 갈 수 없다면 분쇄기를 구매하고, 원두를 냉동 보관하자. 물론 커피를 얼리면 커피 기름이 엉겨 붙고 커피가 가진 고유의 특성이 변형되지만 그래도 동네 구멍가게에서 산 커피보다는 맛있을 것이다. 가장 좋은 것은 커피를 진공 포장하여 냉동실에 넣는 것이다.

커피를 어떻게 보관할 것인가?

좋은 커피를 샀다고 다 끝난 게 아니다. 이제 커피를 제대로 보관해야 한다. 좋은 치즈를 찬장에 넣어 둘 생각은 없지 않은가? 르블로숑 치즈(알프스를 대표하는 사부아산 치즈로 우유 크림이 풍부하고 부드러운 맛을 가졌다)와 당신 모두 그걸 원하진 않을 것이다. 시간에 따라 커피는 변하고 나날이 아로마가 사라지는데 이를 부추길 이유는 없으니 말이다! 이제 다들 아시겠지만 민감한 신선 제품인 커피는 잘 보호해야 한다.

커피의 적

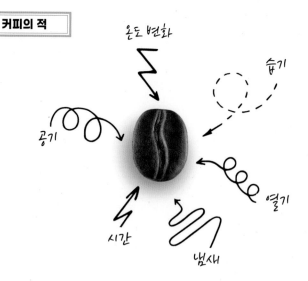

온도 변화

습기

공기

열기

시간

냄새

커피를 냉장고에 보관해야 할까요?

냉기가 산화를 저지할 테니 괜찮은 아이디어 같다는 생각이 들었는지 모른다. 그렇지만 답은 '아니오'다. 냉장고는 커피를 보관하기에는 좀 불안한 공간이다. 습하고, 또 대부분 냄새가 나는 경우가 많기 때문이다. 커피는 이런 환경을 끔찍하게 싫어한다. 시키지도 않았는데 습기를 먹어 자신을 스스로 우려낼 뿐 아니라 옆에 있는 친구 르블로숑 치즈가 부드러운 향기까지 입혀주는 것이다! 게다가 냉기 때문에 커피 기름이 엉겨 붙고 커피 고유의 특성을 잃는다.

그럼 밀폐 용기에 보관하면 되지 않을까? 아니다, 마찬가지다. 적어도 냉장고에서는 안 된다. 밀폐 용기에 넣으면 더는 고약한 친구의 구역질 나는 냄새로 괴롭힘을 당하진 않겠지만 훨씬 더 커피에 해로운 습기로부터 안전하지 못하기 때문이다. 냉장고에서 커피를 꺼내는 순간 온도 차가 발생하는데 그 결과 밀폐 용기 안에선 응축작용이 일어나고 커피는 태평하게 그 안에서 우려진다. 더 큰 문제는 이런 상황을 눈으로 확인할 수 있는 게 아니다 보니 우리는 오히려 커피가 안전하게 피신했다고 생각한다는 것이다.

나의 조언

- 산화시키는 산소로부터 커피를 최대한 보호하자. 커피 봉투를 단단히 여미거나 더 좋은 건 밀폐 용기에 넣는 것이다. 둘 다 해도 좋다.
- 커피의 품질을 떨어뜨리는 빛으로부터 보호한다. 원두를 멋진 유리병에 넣고 예쁜 코르크 마개로 닫아 주방 선반에 잘 보이게 보관하는 꿈을 꿔왔는가? 데커레이션 따위는 잊자. 커피는 빛을 보면 좋지 않다.
- 찬장처럼 서늘하고 건조한 공간에 보관한다.
- 통원두 상태로 구매하고 필요한 순간에 분쇄한다. 커피는 공기와 접촉하는 면이 많아질수록 더 많이 산화된다. 통원두 상태일 때 훨씬 오래 보관할 수 있다. 그래서 그라인더를 구매하는 것이다.

긴 휴가를 갈 예정인데 이미 개봉한 커피는 집에 두고 갈 생각이라면? 이런 경우에는 규칙을 좀 어겨도 된다. 밀폐 용기에 담아 서늘한 곳에 보관하자. 커피는 참을성 있게 당신이 돌아올 때까지 기다릴 것이고, 상대적으로 산화가 덜 될 것이다. 좀 변한 커피가 공기에 노출된 커피보다는 낫다.

커피 직접
분쇄하기

자신의 커피를 직접 가는 행위는 단순한 유행이 아니라 일종의 의식 같은 것이다. 커피를 갈 때 나는 냄새를 맡으면 어떤 이는 어린 시절 할머니가 쓰시던 그라인더가 떠오를지도 모른다. 커피 입문자가 커피의 아로마를 보존하기 위해 필수적으로 해야 할 일이기도 하다. 어떤 동기로 하게 됐든지 간에 커피를 직접 갈다 보면 커피와 더욱더 깊은 관계를 갖는다.

왜 커피를 직접 갈아야 하는가?

향 때문이라고 생각하겠지만 그게 전부는 아니다. 물론 원두를 갈면 주방은 즉시 커피 향으로 가득 차오르니 이렇게 하루를 시작하면 참 좋을 것이다. 커피잔에 입술이 채 닿기도 전에 커피를 느낄 수 있다는 건 정말 즐거운 일이니 말이다!

미각적인 차원에서 봤을 때 커피를 직접 가는 것과 분쇄된 커피를 사용하는 것은 하늘과 땅 차이이다. 미리 갈아 둔 커피는 산화되기 때문에 본연의 아로마 대부분을 잃어버린다. 통원두는 분쇄된 원두보다 공기에 노출된 면적이 10,000배나 작다. 따라서 통원두 상태로 보관하고, 필요한 순간에 갈아서 사용하는 것이야말로 로스팅한 커피의 아로마를 보존하기 위한 최고의 보관법이다.

마지막으로 원두를 직접 갈아서 쓰면 자신의 커피 제조 방식에 맞춰 분쇄도를 정할 수 있다. 분쇄 입자 크기는 커피 추출에 걸리는 시간과 추출된 커피의 진한 정도에 영향을 미친다. 너무 연하고 바디감이나 아로마가 없는 맛없는 커피가 된다거나 과추출되서 너무 시거나 쓴 커피가 된다거나 하는 극명한 차이를 만드는 요인이 분쇄도에 있는 경우가 많다.

잘 아셨으리라 믿는다. 복합적인 체험을 하려면 꼭 커피를 직접 갈아야 된다.

커피를 직접 가는 방법은?

직접 원두를 가는 것만으로도 이미 아주 좋지만 할 거면 제대로 해야 한다. 중용을 지키는 것이 문제다. 각각의 커피 추출 기구는 정확히 어떤 분쇄도에서 제 기능을 할지 정해져 있다. 이 분쇄 입자 크기를 잘 맞추어야 가지고 있는 원두에서 가장 좋은 맛을 뽑아낼 수 있다.

분쇄 입자 크기를
일상의 식자재와 비교하자면

매우 가는 분쇄
터키식 커피에 알맞다. 밀가루와 비슷한 질감이다.

가는 분쇄
에스프레소를 만들 때 알맞다. 커민가루와 비슷한 질감이다.

중간 분쇄
전기 커피메이커나 모카포트에 알맞다. 일반 상점에서 파는 커피 분말과 비슷한 질감이다.

약간 굵은 분쇄
V60 핸드 드리퍼나 케멕스, 콜드 드립에 알맞다. 백설탕과 비슷한 질감이다.

매우 굵은 분쇄
프렌치 프레스에 알맞다. 흑설탕과 비슷한 질감이다.

━━━━ **프랑스어 동사 변화를 배워 볼까요?** ━━━━

"moudre(가루로 만들다)"의 프랑스어 동사 원형은 동사 변화conjugaison(프랑스어는 주어와 시제에 따라 동사를 변형 시킨다)가 꽤 까다롭다. 고객들은 좌판 앞에 서서 원두를 갈아 달라는 주문을 하지만 대다수가 이 동사를 어떻게 변화시켜야 할지 모른다. 결국, 손짓과 발짓으로 표현하거나 정성스레 복잡한 문장을 공들여 만든다. 하지만 다루기가 여간 힘든 게 아닌 이 동사는 결국 원형의 형태로 내 앞에 놓인다. 이런 불편과 왜곡을 막기 위해 여기 간단히 적어 보았다.

동사 "moudre"는 3군 직/간접 타동사이며 조동사 avoir와 함께 변화한다.

주어	직설법 현재	조건법 현재	단순미래
나는	je mouds	que je moule	je moudrai
너는	tu mouds	que tu moules	tu moudras
그는	il moud	qu'il moule	il moudra
우리는	nous moulons	que nous moulions	nous moudrons
너희는/당신은	vous moulez	que vous mouliez	vous moudrez
그들은	ils moulent	qu'ils moulent	ils moudront

어떤 그라인더를 선택해야 할까?

부피, 소음, 시간, 가격, 분쇄 품질 등 그라인더를 선택할 때는 고려해야 할 요건이 많다. 여기 세 가지의 다른 분쇄기를 골라 봤는데, 각기 다른 장단점을 가지고 있다. 완벽한 분쇄기는 존재하지 않는다. 어떤 것이 당신이 원하는 바에 가장 잘 부합하는지 직접 검토해 보자.

비스트로(Bistro) 전기 커피 그라인더
보덤(BODUM)

작고 자리를 많이 차지하지 않는다. 코니컬버가 달린 전동 그라인더로 "칙칙" 소리가 난다. 버튼을 오래 누르고 있을수록 가늘게 분쇄할 수 있다. 가장 간편하지만 가장 덜 정확하다.

⇨ 중간 분쇄나 굵은 분쇄에 알맞은 편

 코니컬버(원추형 칼날)

 장점
- 작고 조밀함
- 신속성
- 매우 간단한 사용법
- 가격

단점
- 용량이 적음
- 균일하지 않은 분쇄도
- 소음

€ 약 50유로

데디카(Dedica) 커피 그라인더 KG 521.M
드롱기(DE'LONGHI)

드롱기사에서 전문가용 그라인더를 모델 삼아 빠르고 정확한 그라인더를 최적화된 크기로 만들었다.

⇨ 모든 종류의 커피 추출 기구에 알맞음

 스테인리스로 된 원추형 회전 날개

 장점
- 작고 조밀함
- 다양한 분쇄도 선택 가능 (18가지 입자 크기)
- 디자인
- 반자동 커피 머신, 포터 필터를 겸용으로 사용할 수 있음
- 유지보수 용이

단점
- 부피가 큼
- 가격

€ 약 200유로

수동 커피밀 스켈톤(Skerton)
하리오(HARIO)

할머니가 쓰시던 수동 그라인더 계보를 잇는 그라인더. 세라믹 재질로 만들어진 이 그라인더는 최고의 분쇄 품질을 자랑한다. 그러나 가는 입자로 갈기 위해서는 힘을 좀 써야 한다.

⇨ 드립 커피, 프렌치 프레스, 모카포트에 알맞은 편

 세라믹으로 된 회전 날개

 장점
- 정확하고 균일한 분쇄도
- 조밀하고 이동이 자유로움
- 유지보수 용이
- 세라믹으로 된 회전 날개, 긴 수명
- 가격

단점
- 분쇄도를 설정하는 데 오래 걸림
- 정기적으로 분쇄도를 바꾸는 편이라면 부적합
- 가늘게 분쇄할수록 오래 걸림

€ 약 40유로

두 그라인더 사이에서 고민 중이라면 기억할 것

어떤 종류의 회전 날을 선호하는가?

세라믹	강철
정확도, 균일성	정확도 떨어짐
분쇄 시 열이 발생하지 않음	분쇄 시 열 발생
깨질 위험 있음	깨지지 않음
더 비쌈	덜 비쌈
마모되지 않음	마모됨(시간이 지날수록 날이 작아짐)
소음이 작음	소음이 큼

우리 할머니가 쓰시던 나무로 된 그라인더는요?

물론 그 그라인더는 멋지고, 빈티지하고, 주방 장식용으로는 더할 나위 없이 훌륭하다. 그러나 헛된 희망을 품진 마시길. 이 그라인더의 회전 날은 할머니가 사신 햇수만큼 오래됐기 때문에 데커레이션용 장식물로 남아 있어야 할 것이다. 세월에 무뎌진 날은 더는 제대로 기능을 하지 못할 가능성이 크다. 당신이 날을 새것으로 갈 수 있다면 모를까 말이다.

처음 방문한 **장소**에서 확실한 **지표**가 되어 줄 **몇 가지** 징후

처음 가본 장소에서 커피를 시킬지 말지 망설인 적이 얼마나 많던가? 혹시 백에 하나 의외로 맛있는 커피를 건질 수 있지 않을까? 아니면 설탕을 두 개 넣어 완전 무장을하고 억지로 삼켜야 하려나? 여러 징후를 통해 미리 짐작해 볼 수 있다.

위생 상태

에스프레소 머신은 많은 프랑스 음식점이나 술집에서 흔히 사용하는 기기다. 반복적으로 사용하다 보면 침전물이나 석회질, 커피 찌꺼기가 기기에 손상을 입힐 수 있어 매일 관리해 주지 않으면 곧 그랑 크뤼 원두로 내린 커피를 망쳐버릴 수 있다. 조리대와 그라인더 그리고 여타 기기에 때가 덕지덕지 않지는 않았는지 잘 살펴보면 여기서 1차 징후를 느낄 수 있다.

그라인더

호퍼(커피 원두가 들어 있는 원뿔형 통, 그라인더를 작동할 때 원두를 바로 투입하는 역할을 한다)를 통해 원두를 눈으로 확인할 수 있다. 원두가 검고 광택감이 있다면 진하고 쓰거나 어쩌면 산패해서 역한 맛이 나는 커피일 가능성이 크고, 반대로 원두가 밤색이나 갈색빛이라면 이론적으로는 균형 잡힌 맛이 날 가능성이 크다. 만약 두 가지 색깔이 섞인 원두라면 경계해야 한다. 브라스리(맥줏집, 또는 편한 분위기에서 술과 함께 식사할 수 있는 음식점)에서는 종종 공급처에서 납품받은 원두에 슈퍼에서 파는 저가 원두를 섞어 비용 절감을 꾀하는 경우가 꽤 있다.

그라인더에서 포터필터로

그라인더로 분쇄한 커피가 커피 머신의 포터필터로 바로 넘어가는 방식이라면 이건 긍정적인 징후이다. 커피가 공기와 접촉하여 변질될 시간을 주지 않기 때문이다. 반대로 원통형 실린더가 있어 이곳에 분쇄한 커피를 보관하고 강하구를 통해 커피를 내보내는 형태의 그라인더라면 커피는 산화될 시간이 충분하다. 커피는 항상 필요한 순간에 갈아야 한다!

탬핑 안 한 커피는 지긋지긋해!

바리스타라 불리는 사람이라면 당연히 철저하게 탬퍼(74~75쪽 참조)를 사용하여 커피를 일정한 압력으로 눌러 다진다. 이 탬핑 작업을 거쳐야 커피가 적절한 시간 동안 추출되고, 음료의 밀도가 알맞게 조절되기 때문이다. 과장을 좀 보태 말하자면 프랑스 사람들은 커피를 제대로 제조할 줄 모르는 것 같다. 정말 안타까운 일이 아닐 수 없다. 종업원들은 이 탬핑 과정을 의도적으로 거치지 않음으로써 시간을 아끼거나(그나마 긍정적인 의도) 차마 마실 수 있을 만한 수준이 못 되는 커피의 쓴맛을 희석하려 한다(최악의 의도).

크레마

에스프레소의 색깔을 보면 많은 것을 알 수 있다. 크레마가 없다면 에스프레소가 아니다! 크레마는 밀도 있고 지속력이 있어야 하며 황금빛을 띠어야 하고 때로는 호랑이띠 형태(타이거 스킨, 원두가 적절히 고르게 추출되며 에스프레소 잔에 점박이 형태의 크레마를 형성하는 것)가 나타나야 하지만 절대로 진한 밤색이어서는 안 된다. 진한 밤색의 크레마는 너무 과하게 로스팅했거나 너무 강하게 탬핑 했거나 분쇄도가 너무 가늘거나 물 온도가 너무 높거나 등의 이유로 커피가 탔다는 것이다. 만약 크레마가 연한 노란빛을 띤다면 커피를 다시 반납하고 커피를 더 넣거나 탬핑을 더 해달라고 요청해 볼 수 있다.

내 생각에는 다음의 두 가지 요인 때문에 프랑스 커피의 평판이 나쁜 것 같다.

첫 번째는 커피를 취급하는 음식점이나 술집 대부분에 식자재를 공급하는 전문 업체의 독점현상 때문이다. 이런 업체들은 원두만 공급하는 것이 아니라 에스프레소 머신부터 그라인더 등 관련 장비 세트, 커피잔, 설탕, 파라솔, 심지어 자금에 이르기까지 모든 것을 공급한다. 좋은 에스프레소 머신은 가격이 매우 비싸다. 만약 내가 레스토랑을 운영하고 있는데 이 기기를 공짜로 받는다면, 계산이 쉽게 나올 것이다. 이동통신사와 비슷하다. 스마트폰을 무료로 받는 대신 매달 청구되는 요금은 터무니없이 비싼 것처럼 이렇게 만들어지는 커피는 터무니없이 쓰기만 하다. 업체에서는 손해 볼 일이 없는데 뭐 하러 굳이 품질을 높이겠는가.

두 번째는 커피 제조와 관련 장비의 유지보수에 대한 전문 교육이 현저히 부족하기 때문이다. 완벽한 반례로 이탈리아의 경우를 들 수 있다. 이탈리아의 커피가 좋은 평판을 유지할 수밖에 없는 이유는 커피 자체의 품질이 좋아서라기보다는 바리스타들이 뛰어난 전문 능력을 보유하고 있기 때문이다.

커피,
설탕을 넣을 것인가
말 것인가?

이 주제에 관한 한 '찬성'과 '반대' 토론은 영원히 계속될 것이다!
"커피에 설탕을 넣어서 먹는다고? 말도 안 돼! 그건 커피의 아로마를 다 파괴해 버리는 짓이야!"
"이건 너무 심하게 쓰잖아! 설탕 없이는 못 마셔."

정답은 없다. 자신의 지각능력과 습관 그리고 각자 다른 미각기관이 얼마나 쓴맛을 잘 받아들이는지에 달린 문제다. 너무 한 가지만 고집해서도 안 된다고 생각한다.
설탕이 미각 수용기관의 활동을 억제해 커피 본연의 아로마를 가린다는 건 사실이다. 케냐산 커피의 과일 향과 꽃 향 노트는 설탕에 가려져 어떤 커피가 어떤 커피인지 분간하기 어려워질 것이다. 다들 비슷비슷하게 진하고, 둥글둥글한 맛이 날 테니 말이다. 커피 맛과 설탕 맛이 느껴지긴 하지만 커피 여행의 대부분을 놓치는 것이나 다름없다. 반대로 맛있는 커피가 드물다 보니 설탕은 "억지로"라도 커피를 마실 수 있게 해 준다. 강하게 로스팅한 쓴맛만 가득한 끔찍한 커피도 설탕과 함께라면 아주 맛있게 마실 수 있다. 이건 또 다른 차원의 경험이자 또 다른 음료가 된다. 사실 설탕은 초콜릿이나 캐러멜 느낌 같은 부드러운 맛이 나타날 때까지 커피의 쓴맛 대부분을 허물어 버린다. 쓴맛과 달콤한 맛이 한데 모여 달콤한 진미가 된 여러 디저트가 떠오를 것이다. 티라미수나 다른 여러 과자류, 커피 맛이 나는 다른 달콤한 음료 등에서 이런 미각적인 느낌을 찾아볼 수 있는데 이런 현상을 나는 '커피 아이스크림 증후군'이라고 정했다.

"찬성"과 "반대" 중 어느 한 편을 선택할 필요는 없다. 설탕을 넣느냐 마느냐 하는 일은 각자 어떤 경험을 체득하고자 하느냐의 문제다. 달콤한 진미냐 아로마의 섬세함이냐? 개인적으로 나는 나의 선택지를 정하긴 했지만, 그렇다고 다른 이들의 선택을 내 기준에서 판단하고 싶지는 않다. 그런데 나도 때로는 어쩔 수 없이 선을 넘을 때가 있다. 브라스리나 음식점에서 맛있는 에스프레소를 찾아보기 어렵기 때문이다. 대개 필요악이긴 하지만 그래도 설탕은 커피 한 잔을 끝까지 마실 수 있게 해주는 가장 좋은 친구이다.

═══ 어떤 설탕을 선택할까? ═══

대부분의 사탕무로 만드는 정제된 백설탕이 단맛이 강한 편이라면 흑설탕은 거친 맛이 좋다. 사탕수수로 만드는 흑설탕은 산지에 따라 캐러멜, 럼주, 바닐라 등 가지각색의 향을 뿜는다.

미식 모험을 즐긴다면 향 첨가 시럽을 커피에 넣어 보자. 아주 깜짝 놀랄 만한 결과를 얻을 수 있다. 커피와 합이 아주 잘 맞는 다양한 맛이 셀 수 없이 많다. 아몬드, 바닐라, 스페큘러스(계피, 생강 등의 향신료와 버터, 설탕으로 맛을 낸 비스킷, 로투스 쿠키와 같은 커피 과자를 생각하면 된다), 진저브레드, 헤이즐넛, 크렘 브륄레(커스터드 크림 위에 설탕을 올리고 토치로 녹여 캐러멜 층을 덮은 프랑스 후식 중 하나), 통카 빈(남아메리카 북부에 분포하는 콩과 나무 쿠마루의 씨앗. 바닐라, 코코넛, 캐러멜 향을 가지고 있다) 등등. 품질이 우수하고 독창성이 있는 시럽 브랜드 모닝Monin사의 시럽을 적극적으로 추천한다.

설탕을 끊으려면 어떻게 해야 할까?

설탕은 커피의 아로마의 상당 부분을 파괴하는 데다가 설탕을 너무 많이 섭취하면 건강에 해롭다. 특히 설탕을 넣은 커피를 하루에 4~5잔 마시는 사람이라면 체내 혈당 수치가 너무 높아진다. 한때 설탕 넣는 것을 즐겼던 사람으로서 몇 가지 팁을 통해 당신이 더는 커피에 설탕을 넣지 않을 수 있도록 도와주고 블랙커피를 즐기는 방법을 전수하고자 한다.

리컨디셔닝 하기

우리의 미각 감지 센서는 우리의 식습관에 따라 프로그래밍되고 조정된다. 설탕을 아예 넣지 않는 방향으로 급커브를 틀어버리면 너무 큰 충격이 오거나 의욕이 저하될 수 있다. 따라서 몇 주에 걸쳐 설탕량을 조금씩 줄이면서 미각 감지 센서가 커피의 쓴맛을 받아들일 수 있도록 재교육하는 편이 좋다.

좋은 커피 사기

아로마(과일 향, 꽃 향, 카카오 향 등)에 집중함으로써 맛(단맛, 짠맛, 신맛, 쓴맛, 시큼한 맛 등)에 받는 영향을 최소화하면 맛에 대한 지각 역시 영향을 받는다. 완전히 집중해서 커피를 마시고 이미 알고 있는 테이스트 노트를 기반으로 생각한다. 또 로스터리에서 신선한 커피를 달라고 하면 아로마가 풍부한 커피를 얻을 테고, 결국 설탕 끊기에 성공할 가능성이 매우 커질 것이다. 반면 시중에 파는 로스팅 커피로 설탕 끊기에 도전한다면 당신이 내린 결단을 후회하게 될지도 모른다.

순하게 추출하기

에스프레소 머신이나 모카포트를 사용하면 높은 밀도로 커피를 내려 커피의 진한 맛을 두드러지게 하는데 우리는 좀 더 순하게 추출된 커피를 마시는 편이 더 나을 것이다. 여과식 커피 추출 기구나 프렌치 프레스를 사용하면 훨씬 더 부드러운 맛을 체험하게 될 것이다.

너무 강하게 로스팅하지 않은 커피를 선택하기

원두의 색깔은 로스팅 강도와 쓴맛의 정도를 나타낸다. 너무 진하지 않은 색깔의 100퍼센트 아라비카를 선택한다면 큰 문제 없을 것이다. 과일 향이 풍부하고 덜 쓴 커피를 마시게 될 가능성이 크기 때문이다.

결론

설탕을 끊는 것은 충분히 가능한 일이다. 하지만 방법을 연구해야 한다. 시간과 의지에 달린 일이니 너무 염려하지 말자!

알아 두기!

설탕을 넣지 않은 커피는 2칼로리가 채 되지 않는다.

커피 **시음**하기

커피를 시음한다는 것은 단순히 커피를 마시는 행위에 그치는 것이 아니다. 커피 시음은 앞으로 더 나아가기 위한 과정이다. 잔에 담긴 커피는 우리에게 이야기를 건네는데 우리는 이를 경청해야 한다. 자신의 감각기관에 오롯이 집중하고, 외부 자극은 무시한 채 보고 느끼고 맛본다. 이는 모든 정보를 지각과 동시에 바로 느끼는 마음 챙김 명상과 크게 다르지 않다. 지금, 이 순간의 근심 걱정은 모두 내려놓고, 편안하게 앉아서 단 한 가지, 당신 앞에 놓여있는 커피만 생각하라. 이번 주제를 읽을 때는 커피 한 잔을 곁들이는 걸 강력히 추천한다!

맛과 아로마

우선 듣기에 맛과 아로마는 똑같은 게 아닌가 싶을지 모르지만, 그렇지 않다. 이 문제를 새롭게 조명하는 실험을 하나 소개하겠다.

① 유리잔 석 잔에 물을 채우고 각각 다른 시럽(예를 들자면 석류, 복숭아, 바나나 등)을 넣는다.

② 눈을 가리고 코를 막은 상태로 맛을 본다.

③ 어떤 것이 어떤 시럽인지 알아맞힐 수 있는가?

단맛은 느낄 수 있었겠지만, 후각을 차단한 상태에서 각기 다른 시럽의 아로마를 명확하게 느끼는 것은 불가능할 것이다. 혀는 단맛, 짠맛, 신맛, 쓴맛, 시큼한 맛 등 맛을 구분할 수 있게 하지만 코는 우리가 아로마라고 부르는 훨씬 복잡하고 종합적인 범위의 것들을 지각한다. 모든 비밀은 혀와 코에 있다.

자신의 느낌에 이름 붙이기

감각을 일깨우는 것도 중요한 일이지만 이를 해석하는 것은 또 별개의 문제다. 언어 구사 능력에 달린 일이기 때문이다! 맛과 맛 지각의 복합성을 이해하려면 맛에 대한 다양한 느낌을 어휘를 통해 표현할 줄 알아야 한다. 우리가 이미 알고 있는 맛을 우선 기준으로 삼고 느낀 것에 이름을 붙여 보려고 노력하면 된다. 꽃 향, 과일 향, 진한 향료 향, 구운 향, 나무 향 등은 가장 먼저 떠올려야 할 기준점이다. 건과일, 레몬, 붉은 과일류, 재스민, 삼나무, 캐러멜 등 더욱 구체적인 노트에 도달하기 위해서는 자신의 느낌을 최종적으로 다듬어야 한다. 대개 여러 가지 아로마는 각기 다른 순간에 느껴지곤 한다. 그러므로 커피를 만들 때 그 시퀀스가 매우 중요하다.

——— 언어 구사 능력, 어떻게 느낌에 ——— 의미를 부여할 것인가?

한 단어가 세상을 구분 짓는 요소가 되는 것은 바로 기호를 통한 단절의 원리이다. 예를 들어 보자. "주황"이라는 단어를 사용하지 않고 "주황색"을 떠올리고 이 색깔을 명명해 보자. 이 색감을 표현하기 위해 빨강도 노랑도 아닌 상태에서 주저할 것이고 의미가 부정확하다는 생각이 들 것이다. "주황"이라는 단어는 정신적으로 노랑과 빨강 사이의 차이를 구체적으로 표현해 주고 색감 개념 체계와 지각 사이의 다리 역할을 한다. 커피에 적용해 보자면 레몬이나 자몽 향을 느꼈을 때 "시트러스"라는 단어를 사용하면 훨씬 덜 구체적일 것이다.

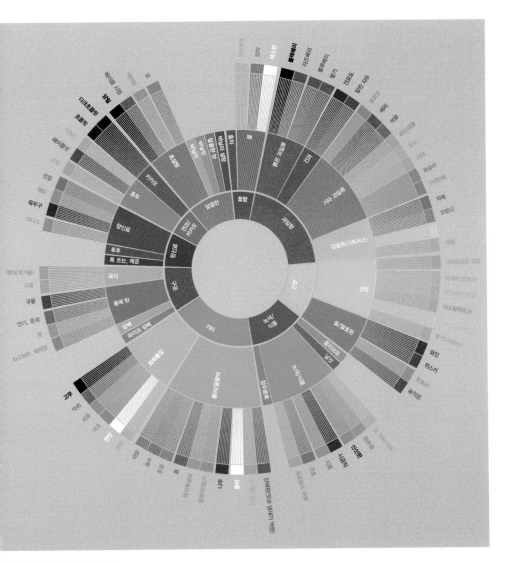

플레이버 휠을 해독하는 방법은?

안쪽에서부터 바깥쪽으로 읽는다. 개괄적인 카테고리에서 출발해 더 정밀하게
자신의 느낌을 찾아 나간다.

커피 시음을 위한 어휘 모음

톡 쏘는: 입이 마르는 듯한 느낌이 남는다.

쓴맛: 그럭저럭 뚜렷한 편으로 입천장 뒤쪽에서 느껴진다.

나무 향(우디 향): 이름처럼 나무를 떠올리게 한다. 삼나무 향이 아마도 가장 특징이 두
드러지는 아로마가 아닐까 한다. 방금 깎은 연필 냄새를 떠올려 보자.

바디감이 있는: 바디감과 힘이 있는 커피의 특징이다.

레몬 향이 나는: 감귤류 과일에서 나는 맛보다는 껍질에서 느껴지는 향에 가깝다.

부드러운: '바디감이 있는' 것과 반대다. 밋밋한 맛과 꼭 같은 의미로 사용하지는
않는다. 섬세하고 둥글며 입안에 긴 여운이 남는 맛일 수 있다.

김빠진: 찬장에 넣어 두고 깜빡한 초콜릿 조각이랄까? 이 산화된 맛은 아로마
까지 잃어버린 커피에서 나타나는 증상이다.

꽃 향: 꽃 한 다발을 생각해 보자. 많은 커피에서 재스민 향이 난다.

균형 잡힌: 첫맛과 바디감, 끝맛이 고르게 균형 잡혀 있다.

과일 향: 맛으로 치면 과일에서 나는 약간 새큼한 맛을 떠올려 보자. 향으로 따
지자면 감귤류 과일이나 붉은 과일, 노란 과일 노트에 가깝다.

구운: 구운 빵 노트로 로스팅한 커피에서 주로 느껴진다.

순종의: 강한 개성과 뚜렷한 구성을 가진 커피를 묘사할 때 쓴다.

야생의: 불쾌하지 않을 정도의 흙 맛을 말한다.

달콤함: 달콤하고 구미를 돋우는 부드럽고 조화로운 느낌이다.

식물성의: 허브 노트, 방금 깎은 잔디 향을 말한다.

날것의: 예리하고 즉각적인 첫맛을 가진 커피를 수식하는 말이다.

분석하기

수학의 수식처럼 한 가지씩 차례로 찾아내고 시음의 매 순간에 집중해야 한다.

⇨ **후각:** 시음에서 꼭 필요한 과정으로 커피잔에서 피어오르는 연기가 발산하는 아로마를 느낀다. 영화 예고편 정도로 생각하면 된다. 커피가 우리를 어떤 방향으로 이끌지 짐작해 볼 수 있다.

⇨ **첫맛:** 커피가 입에 닿는 순간 혀는 어떤 인상을 감지한다. 이 느낌을 통해 커피가 섬세한지 강렬한지 날카로운지 세련됐는지를 진단할 수 있다.

⇨ **바디감:** 액체의 밀도에 따라 규정된다. 입속 한가운데에서는 커피의 구조를, 혀에서는 그 무게를 감지한다. 가볍고 입안에서 흐르는 듯한 느낌인가? 아니면 둥글고 비단처럼 부드러운가?

⇨ **끝맛:** 커피 한 모금의 마지막 한 마디다. 이 아로마는 처음 느꼈던 여러 노트와 완전히 다를 수도 있다. 꼬달리caudalie는 와인 분야에서 가져온 단어인데 커피 시음에도 아주 잘 들어맞는다. 꼬달리란 시음하는 대상을 입에 넣고 삼킨 뒤 입안에 아로마가 머무르는 시간을 측정하는 단위다. 좋은 커피라면 꼬달리가 길고 탁월한 반면 탄 커피는 꼬달리가 길지만 불쾌감을 준다.

시음 개요

① 시음을 시작하기 전에 커피가 살짝 식을 수 있도록 잠시 두면서 숨을 들이켜 퍼져 나가는 아로마를 느껴 본다.

② 첫 한 모금을 마시고 느낌(첫맛, 바디감, 끝맛)을 분석해 본다. 이를 바로 표현하려 하지 말고 감지한 향미의 정서적 부피감을 느껴 보자. 할머니가 만들곤 하시던 레몬 잼부터 로마 여행 중에 맞닥뜨린 어느 정원의 재스민 향기까지 모든 기억이 다음 질문에 답을 줄 것이다. "이거 분명 내가 아는 냄새인데 어디서 맡아봤더라?"

③ 두 번째 모금을 입에 머금고 커피를 마실 때 소리를 내서 최대한 많은 공기가 입속에 들어오게 해 보자. 자신의 느낌을 분석하고, 이름 지어 보자. 헛다리 짚을까 두려워하지 말자. 이렇게 우리의 미각을 단련시키는 것이다.

④ 끝맛이 자신의 목소리를 낼 수 있게 해 주자. 처음 접촉했을 때 느낀 것과 똑같은 아로마인가? 아니면 완전히 다른 느낌인가? 이 끝맛은 얼마나 오래 남아 있다 사라지는가?

시음한다는 것은 스스로 질문을 던져 볼 시간을 충분히 가지고, 감지한 느낌을 분석하며, 이름 붙여 보고자 노력하는 일이다. 그러나 시음은 무엇보다도 커피 한 잔이 당신에게 불러일으키는 감정들을 깨닫는 일이다.

커피와 건강

그래서 커피가 건강에 좋은 걸까 좋지 않은 걸까? 이 주제에 대해선 안 들어 본 이야기가 없을 것이다. 20세 미만의 사람들은 잘 모르겠지만 한때 커피가 경계해야 할 음료로 꼽혀 지탄받던 시절을 나는 똑똑히 기억한다. 대다수의 연구는 카페인의 해로움에 관한 내용으로 결론 짓곤 했다.

로스팅한 원두의 주요 구성요소

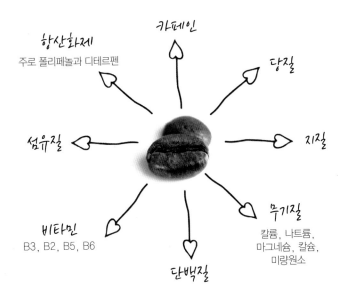

카페인

항산화제
주로 폴리페놀과 디테르펜

당질

섬유질

지질

비타민
B3, B2, B5, B6

단백질

무기질
칼륨, 나트륨,
마그네슘, 칼슘,
미량원소

그러나 안심해도 좋다. 이제 시대가 변했고 오늘날에는 카페인의 효용성뿐 아니라 커피 내 다른 유효 성분 중에서도 우리 몸에 이로운 것들이 있다는 사실 역시 알려졌다. 일반적으로 오늘날 과학계에서는 적당히 마신다면, 즉 하루에 3~4잔의 커피를 마신다면 건강에 오히려 긍정적인 작용을 한다는 의견이다.(물론 당연히 이것은 설탕을 첨가하지 않은 커피를 기준으로 한 연구이다.)

카페인을 알아야 한다

주요소인 '카페인'에 대해 제대로 모르고서는 커피가 건강에 어떤 영향을 미치는지 논할 수 없다.

카페인은 체내에서 어떻게 대사 작용을 하는 걸까?

카페인은 소화 작용을 기준으로 보면 매우 빠르게 흡수된다. 99퍼센트가 45분 만에 흡수되니 말이다! 카페인은 15~120분 안에 최대 혈장 농도(혈액 내 최대 비율)에 다다른다.

카페인의 반감기(혈액 내 함유량이 반으로 줄어드는 데 필요한 시간)는 2시간 30분에서 4시간 30분 사이로 다양하다. 물론 이는 개인별 편차에 따라 달라지기도 한다. 예를 들어 임신한 여성의 경우라면 임신 후기에는 카페인의 반감기가 10시간이 넘는다.

알아 두기!

위에서 언급한 수치는 평균치이다. 커피에 함유된 카페인 비율은 사용한 품종, 원두의 원산지, 로스팅, 커피 제조 방식 등에 따라 달라지기 때문이다.

카페인의 효력은?

많은 여타 물질과 마찬가지로 카페인은 흡수량에 따라 이로울 수도 있고 해로울 수도 있다.

⇨ 적당량을 섭취하는 경우, 즉 하루에 3~4잔의 커피를 마시는 경우라면 약 300~400mg의 카페인이 흡수되고 다음과 같은 긍정적인 효과를 가져온다: 평안함, 기분 좋음, 이완 작용, 각성 작용(특히 스스로 졸음을 쫓고자 할 때), 주의 집중력 강화, 운동 반응속도 상승, 감각기관의 지각능력 상승.

⇨ 다량 섭취 또는 과다 섭취 시, 즉 하루에 큰 잔으로 5~10잔을 마신다면 600mg 이상의 카페인이 흡수될 것이며 이때는 다음과 같은 부정적인 효과를 가져온다: 신경과민, 심리 불안, 공격성 발현, 불면증, 가슴 두근거림, 몸의 떨림.

복잡하고 다양한 과학적 설명을 간략히 알아봄으로써 우리는 다음과 같이 상황을 요약할 수 있다. 지나치게 남용하면 우리가 알고 있는 카페인의 이로운 점들은 모두 무효가 되고 심지어 역효과가 날 우려가 있다. 간단히 말해 늑대인간으로 변하고 싶지 않다면 커피와 카페인을 적당히 섭취하자!

―――――――――――――――――(알아 두기!)―――――――――――――――――

대체로 커피를 꾸준히 마시는 사람보다는 커피를 가끔 마시는 사람에게서 카페인의 효력이 더 뚜렷하게 나타난다.

각자에게 맞는 적정량이 있다

너 자신을 알라! 각자 가진 유전의 형질이 다양하므로 우리는 슬프게도 카페인의 효능(각성효과나 심리 불안 상태 등) 앞에서 평등하지 않다. 전반적인 권고사항은 적당량을 소비하라는 것이고 그 적당량이라는 것은 자기 자신에게 달려 있다. 달리 말하자면 커피의 순기능이 느껴지고 역기능이 느껴지지 않을 정도로만 커피를 마시라는 것이다. 커피를 마시는 사람들은 다들 무의식적으로 각자의 민감도나 생리 기능에 따라 하루의 섭취량을 제어하는 경향이 있다. 당신의 몸에 귀를 기울여 보자!

잘 이용하면 편리한 몇 가지 조합

커피와 수면: 저녁에 커피를 마시면 밤에 잘 수 있으려나? 많은 사람이 스스로 묻곤한다. 수면은 카페인에 가장 민감하게 반응하는 부분 중 하나다. 1~2잔의 커피(즉 100~200mg의 카페인)를 자기 전에 마시면 잠드는 데까지 더 오랜 시간이 걸리고, 수면의 질, 특히 깊은 수면의 질이 떨어진다. 그렇지만 꿈에는 아무런 영향을 끼치지 않으니 안심하시길! 카페인의 효력이 떨어지는 데에는 3~4시간 정도가 걸리는 것으로 볼 수 있다. 하지만 이는 사람마다 다르니 주의하자. 어떤 사람은 아주 민감하게 반응할 수 있고 또 어떤 사람은 살짝만 민감하게 반응할 수도 있다. 운이 좋은 사람이라면 아무런 영향을 받지 않을 수도 있다. 정답은 없다!

커피와 교통안전: 커피 타임을 가지지 않고서 장거리를 운전하는 것은 꿈도 못 꿀 일이라고 생각하는가? 맞는 말이다. 운전 시 커피의 효과에 대한 연구가 수없이 많이 진행됐다. 결과는? 커피나 카페인을 섭취하면 수면 부족 상태에서 야기되는 부주의와 그로 인한 수행능력 저하를 막을 수 있다. 특히 낮잠을 자는 것이 불가능한 경우에 말이다. 커피=안전이다! 하지만 오해하지 마시길. 커피가 음주운전 시에 발생하는 문제를 해결해 주지는 않는다.

커피와 두통: 제발 좀 사라졌으면 하는 두통이 다시 찾아왔다. 커피에 함유된 카페인은 두통과 편두통으로 인한 통증을 감소시킨다는 사실을 알아 두자. 만약 당신이 약을 커피와 함께 먹는다면 어떻게 될까? 카페인은 아스피린, 이부프로펜 또는 파라세타몰 등 약물이 가진 진통 효과를 높인다. 몇몇 시중 약품 중에는 이미 카페인을 조합한 것도 있으니 스스로 혼합물을 만들어 보기도 하자. 알약을 복용할 때 물 대신 커피 한 잔과 함께 삼켜 보자!

항산화제의 최고봉

항산화제에 관한 이야기라면, 아무리 해도 충분하지 않다. 커피에는 다량의 폴리페놀이 함유돼 있는데, 폴리페놀의 기적을 일으키는 분자들은 나쁜 유리기(신진대사로 발생하는 부산물. 산소를 함유한 유리기를 활성 산소라 함)를 포획하고 우리의 세포를 산화 스트레스로부터 보호한다. 폴리페놀을 얻으려면 커피를 마시는 것보다 쉬운 것은 없을 것이다! 커피는 모든 음료 중에서도 항산화제 함유량이 가장 높고 또 함유된 항산화제의 속성은 가장 좋은 편이다. 이는 디카페인 커피에서도 마찬가지로 나타난다.

당신의 건강을 위해 커피를 매일 마시자. 체내에 0.5~1g의 폴리페놀을 가져다줄 것이다.

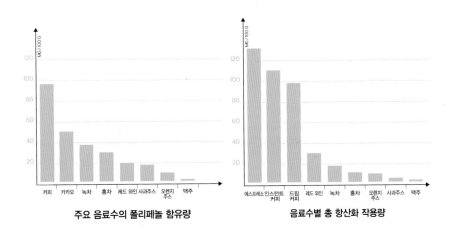

주요 음료수의 폴리페놀 함유량   음료수별 총 항산화 작용량

건강에 이로운 것으로 알려진
커피의 효능 몇 가지

다음의 주장들은 각기 다른 연구의 결과물이다. 아직 연구하고 있는 커피의 효능에 관한 내용은 담지 않았다. 커피와 카페인을 적당량 섭취하면 다음과 같이 건강에 이로운 효과를 얻을 수 있다.

⇨   기분과 수행능력 증진

⇨   주의력 조절

⇨   나이에 따른 인지능력 감퇴 예방

⇨   파킨슨병, 알츠하이머, 간암, 결장암, 제2형 당뇨병 등의 질병 예방

이곳에 제시한 모든 과학적 정보는 프랑스 국립 보건 의학 연구소Institut National de la santé et de la recherche médicale, INSERM 소장이자 건강에 미치는 커피의 영향에 대한 전문가 아스트리드 넬리그Astrid Nehlig의 논문을 참조하였다.

카페인
섭취량을
줄이는 **팁**

저녁 식사를 마치고 나면 늘 커피 한잔 마시자는 말을 듣는다. 식사 시간을 아름답게 마무리하려는 선한 의도에서 나온 이야기겠지만 그 말을 듣자마자 우리는 오늘 밤을 뜬눈으로 지새우는 게 아닐까 하는 두려움에 사로잡힌다.

이 미립자의 효능 앞에서 우리는 평등하지 않다. 어떤 사람은 마지막으로 커피를 마신 게 점심시간이었음에도 밤잠을 못 이루기도 한다. 어떤 사람은 훨씬 덜 예민해서 잠들기 바로 전에도 커피를 마실 수 있다. 결국, 가장 먼저 해야 할 일은 자신이 어떤 타입인지를 파악하는 것이다.

디카페인 한 잔?

본래 디카페인 커피에는 카페인이 거의 안 들어있다. 일반 커피의 경우 카페인이 한 잔에 135mg이 들어있는 것과 대조적으로 디카페인 커피는 한 잔에 약 3mg이 들어있으니 말이다. 따라서 뜬눈으로 밤을 지새울 걱정 없이 커피를 마실 수 있으니 좋은 해결책이다. 반면에 이런 디카페인 커피는 일반 커피와 비교했을 때 아로마가 섬세하지 못하다. 카페인을 제거하는 과정 때문에 그렇다.

"커피는 마시지 않을 때 우리를 잠들게 하는 물약이다."

알퐁스 알레|Alphonse Allais

원두에서 어떻게 카페인을 제거하는 걸까?

로스팅 전에 이루어지는 과정으로 몇 가지 방식이 있다.

⇨ **용매를 사용하여 카페인을 제거하는 방법:** 물 또는 증기로 녹색 빛깔의 생두를 무르게 하여 다공질로 만든다. 이어서 카페인을 용해하는 용매에 생두를 넣은 다음 물 또는 증기로 씻어 낸다. 구멍가게에서 파는 2유로짜리 디카페인 커피는 이런 식으로 제조됐다는 말을 굳이 할 필요도 없을 것이다. 정말 지독한 맛이다.

⇨ **물을 이용하여 카페인을 제거하는 방법 :** 1930년대에 스위스에서 시작된 방식으로 어떤 용매나 화학물질도 사용하지 않기 때문에 훨씬 건강한 방법이다. 원두를 물에 넣고 카페인을 자연적으로 용해한다.

⇨ **이산화탄소를 이용하여 카페인을 제거하는 방법 :** 현재 사용되는 방식 중 가장 좋은 방법이다. 이렇게 하면 아로마를 가장 잘 보존할 수 있다. 물론 가장 비싼 방법이기도 하다. 압력으로 이산화탄소를 액체화시킨 추출 장치에 커피 원두를 넣고 물을 가득 채운다. 이산화탄소는 원두에 침투해 카페인을 용해한다. 압력을 낮추면 이산화탄소가 기체가 되어 날아간다. 따라서 커피와 카페인을 각각 따로 받아낼 수 있다.

카페인 제거 과정 중에 커피 원두에 잠재된 아로마는 심하게 변형되고 결국 본래의 개성 대부분을 잃어버리게 된다. 이제 디카페인 커피의 미래는 극소량의 카페인만 함유하되 본래의 특성은 그대로 보존하는 커피나무를 유전자 변형으로 개발하는 일에 달려 있다.

나의 조언

라벨을 보고 카페인 제거 방식을 확인하자. 아무것도 안 적혀 있다면 분명 용매를 사용한 방식이 사용됐을 것이다. 이런 커피를 만나면 당장 도망치고 차라리 좋은 허브차나 마시자.

커피는 그대로 마시면서 카페인 섭취량을 제한할 방법이 있을까?

커피의 카페인 함유량을 낮출 방법이 몇 가지 있다.

커피 선택 시에 방법:

⇨ 카페인이 두 배나 더 많이 함유된 로부스타보다는 아라비카를 선호할 것.

⇨ 평지에서 재배된 커피보다 카페인 함유량이 더 낮은 높은 고도에서 재배된 커피 택하기(설명은 177쪽 참조). 슈퍼마켓이나 식료품점에서 파는 커피에 종종 이와 관련된 정보가 적혀 있다.

커피를 만들 때 가장 단순하게는 커피를 덜 넣으면 되겠지만 그 외에도 다음과 같은 방법이 있다.

⇨ 드립 커피의 경우 커피를 좀 더 굵게 간다. 물이 더욱더 빠르게 흘러내리면서 커피 입자와의 접촉 시간이 줄어들 것이다.

⇨ 프렌치 프레스의 경우 우려내는 시간을 줄인다.

⇨ 에스프레소의 경우 숏 커피로 내린 다음 따뜻한 물을 넣고 희석한다.

알고 계셨나요?

차와는 반대로 커피는 우려내는 시간이 길어질수록 카페인 함량이 높아진다. 이 때문에 진한 에스프레소가 드립 커피나 침지식 방식의 프렌치 프레스보다 카페인을 더 적게 함유하는 것이다.

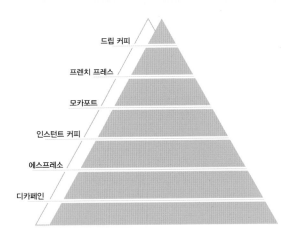

드립 커피
프렌치 프레스
모카포트
인스턴트 커피
에스프레소
디카페인

카페인이 가장 많은 커피부터
가장 적은 커피까지
순위 매기기

카페인의 일일 섭취 권장량*	
하루 동안 소비하는 모든 식품 또는 음료에 함유된 카페인 섭취량	
일반 성인	회당 200mg, 일일 400mg
임신 중인 여성	일일 200mg
어린이 또는 청소년	일일 섭취량이 본인 체중 1kg당 3mg이 넘지 않도록 할 것

* 출처: 유럽 식품 안전청EFSA 2015년 보고서

카페인 과다?
커피 때문만은 아니다!

카페인 섭취량에 주의를 기울인다면 하루에 커피를 몇 잔 마시는지에만 초점을 맞춰서는 안 된다. 다른 식품에도 카페인이 들어 있기 때문이다. 예를 들어 다크초콜릿 100g에는 커피 한잔보다 더 많은 카페인이 함유돼 있다. 에너지 음료나 탄산음료도 마찬가지다.

찌꺼기
남기지 **않기**

커피 찌꺼기를 재활용할 수 있는 방법은?

없어지는 것도 새로이 생기는 것도 없다. 모든 것은 형태가 변할 뿐이다.(라부아지에 Antoine Laurent de Lavoisier 선생님 감사합니다.) 커피 찌꺼기를 경제적이면서도 자연 친화적이고 실용적으로 사용할 수 있는 참신한 사용법 몇 가지를 소개해 보려 한다. 중탄산 소다가 그런 것처럼 커피 찌꺼기도 언제 어디서든 유용하게 쓰인다. 내가 살면서 몸소 체험한 다양한 찌꺼기 사용법, 그리고 아주 유용해서 시도해 볼 만한 몇 가지 팁을 살펴보도록 하자.

부엌에서

마침 잘 됐다. 커피 추출 기구는 원래 부엌에 있으니 말이다. 따라서 의심의 여지없이 너무나도 유용한 일련의 팁을 시도해 보지 않을 이유가 없을 것이다!

아주 효과적인 탈취제

커피는 눈이 볕에 녹아내리는 것만큼 순식간에 냄새를 흡수한다. 따라서 작은 그릇에 커피를 담아 냉장고에 넣어 두면 묑스테르 치즈(프랑스 알자스 지방의 소젖 치즈. 풍미가 강렬하고 진하다)가 마지막 힘을 다해 풍기는 구역질 나는 냄새로부터 냉장고 안에 있는 음식물을 보호할 수 있다. 아니면 쓰레기통 안쪽 깊은 곳에 넣어 두자. 쓰레기통을 여닫을 때마다 나는 기절할 것 같은 냄새를 막아줄 것이다.

구석구석 청소할 때

전기스토브나 냄비 바닥을 문질러 닦을 때 커피 찌꺼기를 마른 연마제 가루처럼 사용해 보자. 어떤 물건이든 커피 찌꺼기로 때가 잔뜩 낀 표면을 닦으면 스크럽 역할을 해서 깨끗하고 반질반질하게 해 준다. 물론 커피 찌꺼기가 마법을 부리는 것은 아니므로 잘 문질러 닦아야 한다.

손을 닦을 때

써보면 택하게 됩니다L'essayer, c'est l'adopter(19세기 말부터 다양한 상품의 광고 문구로 흔히 사용되고 있는 슬로건). 마늘이나 양파 냄새같이 좀처럼 지워지지 않는 냄새를 없애거나 손에 묻은 기름기를 제거하기 위해서 커피 찌꺼기를 사용하면 가히 놀랄 만한 위력을 보여 준다. 그 한 가지 방법은 액체형 손 비누통에 커피 찌꺼기를 넣어 두는 것이다. 그렇게 하면 손을 씻을 때마다 그 효과를 볼 수 있다!(비누통의 펌프가 막히지 않게 하려면 매우 가는 분쇄도로 간 커피를 사용해야 한다.)

수도관에 사용하는 것에 대해서는 어떻게 생각하시나요?

100퍼센트 천연 폐기물인 커피 찌꺼기로 수도관을 관리하는 것은 할머니들이 사용하시던 일반적인 방법이다. 하지만 나라면 조심해서 할 것 같다. 물론 커피 입자가 수도관을 깨끗하게 청소해 주지만 동시에 수도관이 찌꺼기로 막혀버릴 수도 있기 때문이다. 우리 집 부엌 싱크대에서 여러 차례 경험한 일이다. 개수 구멍에 끼어 있는 음식물 찌꺼기가 없는지 잘 확인하고, 여러 차례 헹궈 내자.

화장실에서

커피 찌꺼기는 부드럽고 항산화 물질이 풍부하며 카페인을 함유한다. 집에서 사용할 수 있는 자연 친화적인 천연 화장품으로 이보다 더 좋은 재료가 어디 있겠는가?

샤워할 때

피부 관리 차원에서 커피 찌꺼기를 이용할 때 가장 쉽고 빠른 효과적인 방법은 샤워할 때 각질 제거로 사용하는 것이다. 커피 찌꺼기는 시중에 고가로 판매되는 여느 각질 제거 크림과 비교해도 손색이 없다.
어떻게 하느냐? 커피 찌꺼기와 샤워젤을 같은 양 만큼 손에 덜어서 사용하거나 이미 개봉한 샤워젤을 아예 각질 제거용으로 지정해서 용기 안에 커피 찌꺼기를 넣고 매번 사용 전에 흔들어 주면 된다. 물로 충분히 헹궈 주기만 하면 피부가 아주 부드러워질 것이다. 한번 시작하면 계속하게 될 것이다!

이 방법은 모발에도 효과적인데, 평소 사용하는 샴푸에 커피 찌꺼기를 섞어 쓰면 된다.

시간이 좀 있을 때
몸이나 얼굴의 각질 제거 관리를 할 수 있다. 커피 찌꺼기와 식물성 오일(올리브 오일, 살구씨 오일, 아르간 오일, 아몬드 오일)을 같은 비율로 볼에 넣고 섞어 주기만 하면 된다.

나의 조언
아주 가는 입자로 간 커피를 사용해야(에스프레소나 터키식 커피를 마시는 사람들에게 유용할 팁) 피부가 너무 자극받지 않는다. 더 부드럽게 만들려면 꿀을 좀 섞어도 좋다. 각질 제거를 원하는 부위를 원을 그려가며 부드럽게 마사지한다. 그런 다음 물로 헹궈 주기만 하면 엄청난 결과를 마주하게 될 것이다. 충분한 영양이 공급되어 부드럽고, 매끄러운 피부가 느껴지는가?

정원에서

커피 찌꺼기는 독성이 없고 영양분(질소, 인, 포타슘)이 풍부한 천연 유기물질이다. 당신의 식물을 가꾸는 데에 이런 최고의 패를 쓰지 않는다면 이보다 더 애석한 일이 어디 있겠는가.

좋은 비료
정원이나 밭에서 화학 비료 대신 커피 찌꺼기를 천연 비료로 사용할 수 있다. 식물이 성장하거나 꽃을 피우는 데 큰 도움이 된다는 사실을 직접 확인하게 될 것이다. 게다가 특정 해충을 막아 주는 장치의 역할도 한다.

어떻게 하면 될까? 실내에서 키우는 식물이라면 흙에 커피 찌꺼기를 섞어 주면 되는데 너무 많이 섞지 않도록 주의해야 한다. 화분에 키우는 식물에는 몇 그램(g)만 넣어도 충분하다. 실외에서는 식물의 밑에 흩어 뿌리거나 정원의 흙과 섞어 주면 된다.

퇴비 활성화 촉진

커피 찌꺼기는 퇴비의 유기적 활동을 전적으로 돕는다. 퇴비를 사용할 때 소량을 혼합해 주기만 하면 된다.

나의 조언

여과식 드리퍼를 사용한다면 염소로 표백하지 않은 천연 종이필터를 선택하는 편이 좋다. 그렇게 하면 전부 그대로 퇴비가 되기 때문이다.

만약 퇴비 제조기를 가지고 있다면 땅속 미생물이 커피 찌꺼기를 아주 좋아한다는 사실을 알아 둘 필요가 있다. 게다가 그 미생물들은 카페인에 아주 예민하게 반응하기 때문에 식물성 물질을 퇴비로 바꾸는 작업을 더욱 활발하게 할 것이다.

캡슐 커피에 대해 어떻게 생각하시나요?

결국, 프랑스에서 일회용 포장 커피 시장이 전통적 형태의 커피(통원두든 분쇄한 커피든) 시장을 앞질러 버렸다. 이 이야기를 안 하고 넘어갈 수가 없다. 다들 캡슐 커피가 환경에 끼치는 악영향이나 캡슐 커피의 알루미늄 재질이 우리 건강에 유해하다는 의혹에 대해 잘 알고 있다. 그런데도 캡슐 커피 소비량은 점점 늘어나고 있고, 이 증가세는 멈출 기미가 보이지 않는다. 한마디만 하겠다. "저항하자!"

성공 요인

⇨ **간편함:** 정보 산업계에 애플Apple이 있다면 커피계에는 네스프레소Nespresso가 있다. 플러그 앤드 플레이, 즉 선만 연결하면 끝이다. (게으른 사람들을 위해) 캡슐을 기계에 집어넣기만 하면 1분도 채 안 되는 시간에 홈 에스프레소를 즐길 수 있다니 커피 제조에 있어 엄청난 혁명이 아닐 수 없다. 현대의 생활 리듬은 신속성과 간편함을 추구한다. 아침에 몸을 일으키기도 힘든데 커피까지 준비하려면.

⇨ **크레마:** 카페나 바에서 파는 커피의 멋진 크레마가 종종 부러울 때가 있다. 전통적인 커피 추출 기구로 그런 크레마를 만들어 내는 것은 아예 불가능한 일이니 말이다. 커피에 얹어진 부드러운 크레마는 네스프레소의 또 다른 장점으로 커피 품질의 보증 수표가 됐다. 우리 상상 속에만 존재하던 이탈리아 커피의 전설이 부엌에서도 실현 가능해진 것이다.

⇨ **마케팅:** 콜롬비아 산지의 커피나무 이미지를 내세우던 커피계의 고전적인 마케팅 코드를 탈피해 유명 배우를 내세운 럭셔리 전략을 펼친다. 이제는 커피를 파는 게 아니라 라이프 스타일을 파는 것이다.

네스프레소는 커피계에 도움이 되는 일을 했다... 거의 맞는 말이다!

다양한 폭의 선택지를 제시함으로써 네스프레소는 일반 대중에게 커피가 한 가지 맛만 있는 게 아니라는 사실을 알렸다. 네스프레소는 나 자신을 위한 커피, 즉 나에게 맞는 커피라는 개념의 지평을 열었다. 물론 내가 느끼기에는 네스프레소 커피에서 항상 탄 맛이 나긴 하지만 그래도 농도의 차이를 느낄 수 있다. 그렇게 사람들은 캡슐의 예쁜 색상 외에도 원산지 등 커피 맛을 좌우하는 여러 다른 가능성에 관심을 가지기 시작했다.

그래서 캡슐 커피가 등장한 다음부터는 더 많은 브랜드가 추상적인 가치보다 원산지와 테루아(커피의 성장 조건을 구성하는 환경적 요인)의 신뢰성을 내세우게 됐다. 이런 흐름에 끼지 못한 대형 브랜드들은 새로운 가치를 부여해야만 했다.

새로운 커피 열풍이 불러일으킨 또 다른 긍정적 측면이 있다. 네스프레소에 실망한 사람들이 모두 고전적인 방식의 커피 추출 기구를 다시 사용하기 시작했고 맛있는 커피를 만들겠다는 의지가 새롭게 불타오른 것이다. 그래서 요새 공방식 커피로 회귀하는 붐이 일어나게 됐다. 몇 년 전만 해도 관심도 없었던 사람들이 고급 커피숍과 로스터리의 고객이 돼 가고 있다.

너무 비싸다!

5g짜리 커피 캡슐 하나당 0.35유로에 판매되니 1kg에 70유로라는 계산이 나온다. 이는 로스터리에서 판매하는 최고가 커피에 상응하는 가격이거나 그보다도 비싸다!!! 계산해 보자. 하루에 각각 커피 석 잔씩을 마시는 부부라면 일 년에 766.50유로를 쓰는 셈이다. 스위스 지사에서는 버츄오Vertuo라는 기종을 정기결제 형태로 팔아 기발함을 더했다. 기깃 값은 1유로인데 매달 캡슐 값이 핸드폰 요금처럼 계좌에서 빠져나가는 것이다. 당장은 한 푼도 안 내지만 장기적으로 봤을 때는 더 비싼 값에 판매하는 기술인 셈이다.

너무나도 쉬운 사용법과 에스프레소의 매력에 끌렸다면 기깃값을 금세 청산할 수 있는 그라인더가 달린 에스프레소 머신에 투자하는 게 어떨까? 통원두를 넣으면 신선하게 갈아주어 커피의 아로마가 훨씬 제대로 발현될 텐데. 물론 여전히 사용법도 간편하고 말이다.

네스프레소 캡슐의 대안은?

에코éco(자연 보호의), 플라스틱, 재사용 가능한 캡슐 등 여러 형태의 캡슐을 테스트해봤다. 안타깝게도 아직은 이런 커피 머신으로 에스프레소를 추출할 때 알루미늄만큼 좋은 결과를 내는 것이 없다. 밀도 있고 부드러운 추출을 원한다면 다른 대안은 없는 것이다. 환경 파괴를 최소화하는 기술이 어서 발전하기를. 그렇지만 물론 몇 가지 대안이 있긴 하다.

직접 내용물을 채워서 사용하는 캡슐

캡슐인: 캡슐 머신으로 신선하고 맛있는 커피를 추출하려는 방법이 될 수 있다. 알루미늄으로 된 덮개 부분을 제외하면 나머지 부분은 모두 플라스틱 재질이다. 추출 결과는 꽤 좋은 편이다. 하지만 문제는 캡슐을 하나하나 채우는 데 시간이 걸리고 적당한 압력으로 커피를 눌러 주기 위해서는 솜씨가 좀 필요하다는 것이다. 로스터리에서 커피를 구매한다면 에스프레소 추출용 분쇄도로 원두를 갈아 달라고 하자.

⇨ **가격:** 빈 캡슐 100개당 약 10유로

에코 캡슐: 덮개 부분이 크래프트지로 되어있고, 캡슐 부분은 옥수수 베이스의 생분해성 물질로 이루어져 있다. 환경친화적인 이 최신 캡슐은 모든 조건을 잘 갖췄다. 원하는 커피를 섬세하게 분쇄해서 넣을 수 있다. 개인적으로 추출 결과물의 밀도감이 부족하고 크레마도 그리 부드럽지 않다고 느꼈다. 아로마 차원에서 봤을 때는 좋은 커피를 사용한다면 섬세한 풍미를 잘 구현해 낼 것이다. 가벼운 커피를 좋아하는 사람에게는 꽤 괜찮을 것이다.

⇨ **가격:** 빈 캡슐 100개당 약 12유로

재활용 가능한 캡슐

폐기물이 전혀 발생하지 않는다는 엄청난 이점 외에는 아직 추출 결과물이 너무 형편없어 고려할 만한 대상이 되기엔 이르다. 드립 커피와 에스프레소의 중간쯤 된다고나 할까? 에스프레소를 정말 좋아하는 사람이라면 실망할 것이다.

캡문도: 아마도 내가 시험해 볼 수 있었던 캡슐 중에는 최고인 것 같다. 캡문도는 특히 원료 커피의 품질이 뛰어나다. 마이크로랏micro-lot(독특한 개성이나 특징을 극대화하기 위해 소량의 특별 관리된 커피를 생산하는 것), 즉 좁은 구역에서 생산하는 커피까지도 제공하기 때문이다. 또 다른 긍정적인 측면은 공방식으로 로스팅한 원두, 즉 슬로우 로스팅으로 잠재된 커피의 아로마를 최대한 끌어낸 원두를 사용한다는 것이다. 인터넷이나 고급 식료품점이나 많은 로스터리에서 구매할 수 있다.

▷ **가격:** 캡슐 1개당 0.29~0.40유로. 캡슐 종류와 판매처에 따라 값이 다르다.

네스프레소는 대체 불가능하다고?
더는 그렇지 않다!

네스프레소가 아닌 타 브랜드 캡슐을 사용하면 기기가 고장 난다? 한때는 그랬다. 스위스의 거대기업 네슬레Nestlé가 경쟁업체들에게 따라잡히면서 타 브랜드 캡슐과 호환하도록 만들기 전까지는 말이다. 만약 2010년도 이후 제조된 기기라면 타 브랜드의 캡슐 사용에 전혀 무리가 없다.

결론

커피 애호가로서 맛뿐 아니라 많은 다른 많은 이유로 나는 이 캡슐 커피 시스템의 열렬한 지지자가 아니라는 사실을 알아차리셨으리라 믿는다. 이어지는 장을 통해 새로운 커피 제조 방식을 시도하려는 의지를 불태우고 이렇게 멋진 커피를 재발견하는 시간을 가지길 바란다.

커피
추출 기구

맛있는 커피를 얻기 위한 세 가지의 필수 조건이 있다. 좋은 원두, 좋은 로스팅, 그리고 좋은 제조 방법. 첫 두 가지는 최대한 좋은 선택을 하는 게 우리가 할 수 있는 전부지만 커피 제조는 당신에게 전적으로 달린 문제다! 이제 막 새로 로스팅한 파나마의 게이샤Geisha 원두를 망쳐 멋진 풍미를 제대로 느끼지 못하게 되는 건 생각조차 하고 싶지 않다!

각 커피 추출 기구마다 알맞은 제조 방법이 다 따로 있다. 그래서 전문가를 모셔 모든 팁을 공유해 달라고 요청했다. 로라Laura는 바리스타다. 로라의 직업은 완벽한 커피를 만들기 위해 모든 방법을 동원하는 것이다. 이번 장에서는 집에서 성공적인 커피를 만들기 위해 알아야 할 각 추출 기구의 사용 팁을 전수하게 될 것이다.

기초 원칙

집에서 커피를 제대로 만들려면 제조 기술 향상에 도움이 될 만한 몇 가지 원칙을 알아야 한다.

수온

적당한 수온은 일반적으로 90~95℃이다. 물이 너무 뜨거우면 커피를 태워 아로마를 파괴하고 쓴맛을 더 두드러지게 한다.
커피를 만들 때는 주로 온도 조절 기능이 있는 주전자를 사용하는 것이 좋다.

분쇄 품질

드립 커피든 에스프레소 머신이든 프렌치 프레스든 간에 모든 커피 추출 기구는 특정한 분쇄도에 알맞게 고안됐다. 커피가 얼마나 가늘게 분쇄됐는지에 따라 추출 결과물의 품질과 커피가 우러나는 데 걸리는 시간이 달라진다. 분쇄도를 조정할 수 있는 그라인더를 구매하거나 로스터리에서 필요한 분쇄도로 커피를 갈아 달라고 요청한다면 좋은 커피를 만들기 위한 조건을 갖춘 셈이다.

물

커피에는 당연히 물이 들어가고 물에서도 분명 어떤 맛이 난다. 수돗물 속에는 미네랄, 염소, 석회, 흙 등이 다소 많든 적든 들어 있고 이는 커피 맛에 영향을 준다. 커피가 맛있으려면 물맛이 좋아야 한다.
미네랄 함유량이 적은 볼빅Volvic(프랑스 다논Danonne 그룹의 미네랄워터 브랜드명)을 사용하거나 브리타(활성탄 필터를 주전자에 넣는 방식의 독일 정수기 브랜드, 세계에서 가장 많이 사용된다고 함) 같은 필터로 수돗물을 정화하여 사용하는 편이 좋다.

양

물과 커피의 양을 본인의 의지와 필요한 커피의 양에 따라 직접 조절할 수 있는 상황이라면 커피 종류에 따라 그 기준점을 정해 놓는 것이 좋다.

가장 좋은 것은 작은 부엌용 저울을 구매하고 그릇 무게는 빼는 기능을 활용해 커피와 물의 무게를 순서대로 재는 것이다. 커피의 무게를 재고 그대로 둔 상태에서 Tare(테어) 버튼을 눌러 무게를 0으로 다시 맞추고 물의 양을 재면 된다. 물 1㎖는 1g과 같다. 이렇게 하면 항상 똑같은 맛의 커피를 마실 수 있다.

파리 6구에 있는 그랑 데깔레 로스터리Boutique de Torréfaction Un Grain Décalé의 바리스타 로라 플레노 Laura Plaineau가 커피를 성공적으로 만들기 위한 비법을 전수해 줄 것이다.

하리오 **V60**

커피 추출 기구 이름치고는 뜻밖이다. V60라 불리는 이유는 매우 단순하다. 필터
의 형태가 60˚ 각도에 V자 모양이기 때문이다.

이 시스템으로 커피를 내리면 종이필터 덕분에 아주 명확한 아로마를 가진 섬세한 커피
를 만들 수 있다. 커피 오일과 가는 입자를 통과시켜 신맛은 가리고 향미를 자극하는 여
과 시스템이 이런 명확한 아로마를 만들어 낸다. 또 필터 받침에는 가는 홈이 나 있어
물을 규칙적으로 배출하는데, 이야말로 커피를 맛있게 추출하기 위한 최상의 조건이다.
다른 방식으로 추출한 커피에 비해 바디감이 덜한 대신 훨씬 더 섬세한 이 V60로 제조
한 커피는 잘 만든 차 한 잔의 섬세함과 비교할 수 있다.

파리 최고
바리스타의 시각

우리가 흔히 알고 있는 전기 커피메이커와 비교했을 때 V60이 가지는 가장 큰 장점은 수동으로 균일하게 커피를 우려낼 수 있고 붓는 물의 온도를 90℃ 이하로(절대로 끓는 물 온도는 안된다) 조절할 수 있다는 점이다.

소요시간	분쇄도	맛	추출 가능량	가격
7분	중간 분쇄 (백설탕 가루의 입자크기)	연하다. 향미가 있다.	추출기 모델에 따라 1~4잔	15~50 유로

 장점
- 제조방식 및 유지보수가 간편함
- 작은 부피
- 명확한 아로마

 단점
- 인터넷 또는 전문점에서 구매해야 하는 특수필터
- 깨지기 쉬움(주로 유리 또는 세라믹 재질로 만들어짐)

커피 만들기

150ml 한잔에는 분쇄한 커피 13g, 즉 2큰술 정도의 커피를 준비하면 된다.

① 종이필터를 드리퍼에 올리고 아래쪽에는 컵이나 물병을 받친 뒤 주전자에 끓인 뜨거운 물을 부어 헹군다. 이렇게 하면 용기를 데울 수 있고 커피에서 종이 맛이 나지 않도록 할 수 있다.

② 물이 다 흘러내릴 때까지 기다리고, 받은 물은 버린다.

③ 필터에 커피를 넣는다.

④ 물을 한 차례 천천히 부어 준다. 항상 중앙에서부터 바깥쪽으로 원을 그리는 형태로 물을 부어 커피 가루가 물에 잘 젖도록 한다.

⑤ 물이 다 흘러내릴 때까지 기다린 뒤 물을 추가로 계속 부어 주는데 이때 고르게 젖을 수 있도록 신경 쓴다.

⑥ 드리퍼를 빼고 시음한다.

커피를 다 내린 뒤에는 젖은 커피 가루 모양이 가운데가 약간 볼록하게 나온 형태의 납작한 뭉텅이처럼 되어야 한다. 만약 필터 가운데 부분에 구멍이 났다면 중앙 부분만 너무 우려졌으며 커피가 과추출됐다는 뜻이다. 이렇게 추출된 커피는 더 쓰고 풍미가 덜할 것이다.

뒷정리

이보다 더 쉬울 순 없다. 사용한 뒤에 매번 드리퍼를 뜨거운 물에 헹구어 주기만 하면 된다.

파리 최고 바리스타의 선택

이런 형태의 커피 추출 기구에는 과일 향이 나고 산미가 있는 커피를 너무 강하지 않게 로스팅해서 쓰면 좋다. 붉은 과일 향을 가진 에티오피아의 모카 시다모, 케냐, 아니면 코스타리카가 어떨까?

부속품 선택

 세라믹 드리퍼, 하리오
(1잔용, 약 15유로)

  V60 드리퍼용 필터 100장, 하리오
(1잔용, 약 10유로)

 유리 드리퍼, 하리오
(1~6잔용, 약 30유로)

 V60 드리퍼용 필터 40장, 하리오
(1~6잔용, 약 4유로)

 V60 드리퍼용 받침 유리 물병
(2~5잔용, 약 30유로)

 V60 보온 스테인레스 서버, 하리오
(2~6잔용, 약 40유로)

V60 필터는 하리오사가 기존의 전통 여과 장치를 새롭게 개발한 것이다. 바닥이 편평한 기존 필터와는 달리, 하리오 V60의 필터는 고깔 형태를 띠는 것이 그 특징이다. 덕분에 아로마를 농축시켜 더 좋은 추출 결과물을 얻을 수 있다.

에스프레소
추출 기구

우리는 "거품이 참 멋지군" 보다는 "크레마가 참 멋지군"이라고 표현한다. 커피를 제조하는 가장 좋은 방법 중 하나가 에스프레소 추출이라는 데는 큰 이견이 없을 것이다. 에스프레소를 제대로 내리면 아로마가 증폭되고, 진한 밀도와 오일리한 바디감을 가져 단순히 좋은 커피가 아닌, 진미(珍味)가 된다. 에스프레소 머신은 높은 압력을 통해 최대한의 커피 오일을 추출하는데 그 어떤 다른 기구도 이를 따라갈 수 없다.

에스프레소는 엄청나게 농축돼 있어 그 추출 결과물은 최고이거나 최악이거나 둘 중 하나다. 너무 쓰거나 너무 신 커피는 용납할 수 없으므로 꼭 제대로 된 제조법을 익혀야 한다! 집에서 성공적인 에스프레소를 내리는 방법을 알아보자.

소요시간	분쇄도	맛	추출 가능량	가격
2분	가는 분쇄 (커민 가루의 입자 크기)	바디감이 있다. 오일리 하다. 아로마가 풍부하다.	1~2잔	100유로부터

 장점
- 신속성
- 탁월한 바디감
- 강렬한 아로마

 단점
- 가격
- 주기적 관리가 필수(물 때 제거, 청소 등)
- 큰 부피

커피 만들기

항상 도구가 깨끗한 상태에서 제조를 시작해야 한다. 특히 필터와 고정 부분은 완벽한 상태를 유지해야 한다. 마른 헝겊으로 필터를 닦아 주자.

에스프레소 한 잔에는 가늘게 분쇄한 커피 7~8g이 필요하다. 물론 사용 직전에 분쇄한 커피가 가장 좋다.

① 커피를 포터필터에 담는다. 평평한 면에 대고 살짝 두드려 포터필터에 담긴 커피를 고르게 분포시킨다(딱딱한 표면은 피한다. 행주를 사 등분으로 접어 올려 두면 된다).

② 탬퍼를 사용해 포터필터에 담긴 커피를 알맞은 압력으로 누른다. 커피를 탬핑(포터 필터에 담긴 커피에 알맞은 압력을 가하여 누르는 행위)할 때는 수직을 유지하여 커피가 균일하게 추출될 수 있도록 한다.

③ 포터필터를 기기에 끼워 넣기 전에 에스프레소 머신에서 2~3초 정도 물을 흘려보내 기기를 정화한다. 이렇게 함으로써 혹시 남아 있을지 모를 커피 찌꺼기 등을 제거하고 기기의 온도를 알맞게 안정화할 수 있다.

④ 포터필터를 에스프레소 머신에 끼워 넣고 바로 추출을 시작한다. 시간을 지체할수록 커피는 기기 안에서 데워지고 쓴맛이 더 강해질 것이다. 그러니 기다리지 마시길!

물이 포터필터에 도달하는 순간부터 커피가 추출되는 데까지 20~30초 정도가 걸려야 정상이다. 또한 추출되는 커피의 줄기가 끊어지지 않고 일정하게 흘러야 하는데 그 모양은 위쪽이 넓고 아래쪽으로 갈수록 점점 좁아지는, 일종의 쥐꼬리 모양과 비슷해야 한다.

멋진 크레마 에스프레소 ─── 성공의 척도!

• 크레마가 밀도 있고 두꺼우며(2~3mm) 스푼으로 살짝 어루만졌을 때 약간의 저항력이 보인다.

• 금빛이 도는 갈색이다. 절대로 빛깔이 연하거나 진한 밤색이어서는 안 된다.

• 꼭 전체적으로 균일할 필요는 없다. 오히려 타이거 스킨이 나타나거나 붉은 색깔로 변하는 부분이 있으면 꽤 좋은 징조다.

• 커피를 다 마셨을 때 커피잔 바닥에 남아 있다.

크레마는 에스프레소에서 아주 중요한 역할을 한다. 공기와 커피 사이에서 방어막 역할을 함으로써 커피의 아로마를 보존한다.

크레마가 만들어지지 않아요. 왜 그런 걸까요?

⇨ 분쇄도가 너무 굵거나 탬핑을 충분히 하지 않아서 물이 너무 빠르게 흘러내렸고, 압력이 충분히 세지 않았다.

⇨ 수온이 너무 낮다.

⇨ 너무 오래된 커피를 사용했다.

⇨ 물이 너무 오랫동안 흘러내려 크레마를 파괴했다.

⇨ 에스프레소 머신 자체의 압력이 충분하지 않다.

⇨ 커피의 양이 적다.

파리 최고
바리스타의 시각

크레마가 전부는 아니다. 로스팅 방식에 따라 어떤 커피는 상대적으로 크레마의 밀도와 깊이감이 덜할 수도 있는데 꼭 그렇다고 해서 커피 맛이 별로인 것은 아니다. 무엇보다도 당신의 미각을 신뢰하자.

커피가 너무 쓰네요. 왜 그럴까요?

⇨ 수온이 너무 높다.

⇨ 에스프레소 머신이나 포터필터 혹은 그 두 가지가 모두 깨끗하지 않다.

⇨ 커피를 너무 꾹 눌러 담았거나, 분쇄도가 너무 가늘거나 커피를 너무 많이 담아서 물이 제대로 흘러내리지 못하고 커피를 태웠다.

⇨ 커피가 너무 강하게 로스팅됐다.

⇨ 사용한 커피에 로부스타가 들었을 수 있다(쓴맛을 싫어한다면 이런 커피는 피해야 한다).

커피가 너무 시네요. 왜 그럴까요?

⇨ 에스프레소용으로 쓰기에 원두가 충분히 로스팅되지 않았다(이 경우 드립 커피를 만들 때 사용한다면 완벽할 수 있다).

⇨ 분쇄도가 너무 굵거나, 탬핑을 충분히 하지 않았거나 커피를 충분히 담지 않았다.

에스프레소 로스팅

앞서 소개 글에서 언급했다시피 에스프레소는 녹록지 않다. 시거나 쓴맛이 나는 커피라면 특히 더 그렇다. 에스프레소 추출은 커피 본연의 아로마만큼이나 그 단점도 크게 증대시키니 말이다.

그래서, 많은 로스터가 에스프레소에 맞춘 로스팅 레시피를 만든다. 일반적으로는 신맛이 다른 맛에 비해 부각 되지 않도록 더 오랜 시간 로스팅한다. 자신이 만든 에스프레소의 신맛이 별로라면 너무 가볍게 로스팅한 커피는 피하도록 하자.

반면 정반대의 상황, 즉 쓴맛이 나는 커피를 피하려면 너무 거무스름하게 로스팅된 커피나 로부스타는 멀리하자.

파리 최고
바리스타의 선택

에스프레소에는 우디 향 계열의 잘 익은 과일 향이 곁들여진 커피가 잘 어울리는 것 같다. 야생의 맛이 살아 있는 에티오피아의 하라르^{Harrar}나 초콜릿 노트가 잘 균형 잡힌 안티구아 지역의 과테말라는 어떨까?

뒷정리와 유지보수

에스프레소 머신의 물때 제거 기능(대부분 외장에 이 기능에 대해 적혀 있다)을 이용해 주기적으로 물때 제거를 해야 한다. 에스프레소 머신을 제대로 관리하지 않으면 커피 맛이 나빠진다. 이런 종류의 기기는 물때와 석회질 때문에 고장이 나는 경우가 많다. 기기의 수명을 늘리고 싶다면 이 점을 간과해서는 안 된다.

포터필터의 표면은 매번 사용할 때마다 뜨거운 물로 세척 한다. 포터필터의 안쪽 부분은 일주일 간격으로 관리하면 충분하다. 다만 주방용 세제나 비누를 사용해서는 안 된다. 커피에서 이상한 맛이 나게 될 수도 있다.

77

우리는 종종 에스프레소 머신을 percolator(퍼컬레이터), 또는 줄여서 perco라고 부르곤 한다. 그런데 대부분 잘 모르는 것은 이 단어가 '여과하다', '관통하다'라는 뜻의 라틴어 percolare(페르콜라레)에서 파생된 용어라는 점이다. 에스프레소 머신 말고도 여과식으로 커피를 제조하는 방법은 많다.

에스프레소 머신 고르기

ROK 에스프레소 메이커
(약 170유로)

완전 수동이기 때문에 모든 파라미터를 제어할 수 있는 아주 놀라운 기기다. 수온을 직접 조절하고 에스프레소를 자신의 손으로 추출할 수 있다. 파라미터를 제대로 조절하려면 연습이 조금 필요하지만 기기가 손에 익어 제대로 작동할 줄 알게 되면 기가 막힌 추출 결과물을 만들 수 있다. 아주 견고한 기기로 오일리한 리스트레토ristretto(추출량을 적게 하여 진한 맛을 내는 에스프레소) 추출에 이상적이다. 이 기기만의 잠재력을 극대화하려면 그라인더를 구매하거나 아주 가늘게 간 커피를 준비해야 한다.

장점
- 견고함
- 작은 부피
- 디자인
- 모든 추출 파라미터를 직접 제어할 수 있음

단점
- 능숙하게 숙련된 솜씨가 필요함
- 스팀 노즐이 없음

드롱기 데디카 스타일 EC 695.M

(약 300유로)

이 기계는 디자인과 초소형 크기 덕분에 인기가 좋다(폭이 15cm 미만이다). 완벽한 에스프레소를 추출하고 모든 것이 직관적이기 때문에 사용법을 익히기 위해 몇 시간을 투자할 필요조차 없다.

 장점
- 크기
- 가격 대비 품질이 좋음
- 디자인
- 수온 조절 가능
- 간단하고 직관적임
- 물을 빠르게 데움
- 라떼와 카푸치노 제조를 위한 스팀 노즐이 있음

아스카소 드림 업 V3 세미 오토매틱 에스프레소

(약 800유로)

이 기계가 있으면 전문가 수준에 가까운 에스프레소를 만들 수 있다. 복고풍 외관에 최신 기술이 어우러져 커피 추출을 최적화했다(수온 조절 장치, 압력 조절기, 고도로 정밀한 필터).

이 기기는 커피 추출 능력이 탁월할 뿐 아니라 오래 사용할 수 있도록 고안되었다. 특히 크롬 도금을 한 황동 그룹 헤드와 석회 침전을 방지하는 특수 써모블록(물이 가열된 관 또는 패널을 통과하면서 가열되는 방식) 덕분에 수명이 길다.

 장점
- 수명
- 강력한 스팀 노즐
- 에스프레소 추출 품질이 좋음
- 다기능성(ESE 파드커피 사용 가능, 분쇄된 커피 사용 가능)
- 디자인

전자동
에스프레소 머신

이런 멋진 발명품이 있다니! 이런 타입의 기기(물론 꽤 값이 나가는 것 어쩔 수 없다는 걸 인정한다)만 있다면 캡슐커피 머신의 간편함은 그대로 유지하고 아주 맛있는 커피를 만들어 낼 수 있을 것이다. 진정한 혁신은 기기에 부착된 그라인더인데, 에스프레소 여과 시스템에 바로 연결돼 있다. 당신이 가지고 있는 통원두 상태의 커피는 추출 직전에 분쇄되고, 그 기세를 이어서 바로 추출될 것이다. 우리는 아무것도 할 필요가 없다. 모든 과정이 자동으로 이루어지고 커피의 질은 수동기기에 충분히 견주어 볼 만하다. 그뿐만이 아니다. 어떤 제품은 밀크커피(라떼, 카푸치노, 마키아토 등)까지 만들어 준다. 그냥 커피 머신이 아니라 커피숍이나 마찬가지다!

 장점

- **필요한 순간에 커피를 분쇄하기** 때문에 신선한 통원두 상태로 커피를 구매하면 되고 따라서, 같은 커피를 분쇄된 상태로 구매했을 때보다 훨씬 산화가 덜 돼 커피의 아로마가 더욱 풍부할 것이다.
- **전자동:** 물과 커피를 넣고 버튼만 누르면 끝이다. 이건 마법이다!
- **추출된 커피의 질이** 가정용 기기로서는 과연 최고가 아닐 수 없다.
- **음료 커스터마이징 기능이** 있어 각자의 입맛에 맞게, 또는 그때그때 상황에 맞게 제어장치를 조절할 수 있다.

✖ 단점

- **큰 부피:** 이 기기의 약점이다. 이 기기들은 가장 콤팩트하게 나온 것들도 하나같이 몸집이 크다. 그렇지만 만약 그라인더와 에스프레소 머신을 따로따로 구매한다면 더 많은 자리를 차지할 수 있다.

- **가격**이다. 전부 수백 유로를 호가하기 때문이다. 커피 소비량에 따라 다르겠지만 어떻게 보면 캡슐 커피보다는 가격 면에서 이득일 수도 있다. 커피값을 줄일 수 있으니 말이다. 로스터리에서 1kg에 20유로에 구매한 커피는 한 잔당 0.15유로(15센트)라는 계산이 나온다. 장기적인 차원의 투자인 셈이다.
- **롱 커피:** 롱 커피를 만들기는 쉽지 않은데 사실 모든 에스프레소 머신에 공통으로 해당되는 부분이기도 하다. 대다수 모델에 "롱 커피" 버튼이 있긴 하다. 문제는 이 버튼을 눌렀을 때 물이 분쇄된 커피 속에서 너무 빠르게 오랫동안 흘러내려 커피가 과추출돼 버린다는 것이다. 추출된 커피는 희석된 아주 쓴 커피이다. 추출 속도를 더 늦추도록 조정한 기계도 일부 있다. 그 결과물은 훨씬 낫긴 하지만 여전히 드립 커피를 따라갈 수는 없다.

일부 설정

'자동'이라는 것이 아무것도 하면 안 된다는 뜻은 아니다. 모든 것이 음료 설정과 파라미터에 달려 있다. 이런 설정이 아무리 간소화돼 있다 해도 특정 장치를 조절하는 데에는 시간을 좀 들여야 할 것이다.

분쇄도 조정

대부분 원두 보관 통 내부에 작은 톱니바퀴가 있는데, 이 톱니바퀴로 회전 날개의 간격을 조정해 분쇄도를 더 가늘게 할 것인지 더 굵게 할 것인지를 조절할 수 있다. 일반적으로 기계가 원두를 갈고 있는 동안에 회전 날개를 조이거나 풀라고 한다.

그라인더를 조정하려는데 공장 설정이 본인에게 적합하지 않다면 커피 찌꺼기 통으로 떨어져 내린 커피 찌꺼기 뭉텅이를 살펴봐야 한다. 작고 둥근 형태여야 하는데, 그게 아니라면 회전 날개를 더 조여야 한다.

에스프레소 조절

커피 상태에 따라, 또는 그때그때 자신의 상태에 따라 원하는 커피가 다를 수 있다. 커피의 진하기를 조정해 볼 수 있는 몇 가지 파라미터가 있다.

⇨ **분쇄도 조정:** 가는 분쇄일수록 커피는 더 진해진다. 물은 쥐꼬리 형상의 물줄기가 규칙적으로 흘러내려야 한다. 만일 물이 한 방울씩 똑똑 떨어진다면 커피는 타버리고 과추출될 것이다.

⇨ **물의 양을 줄이거나 늘리기:** 물의 양이 늘어날수록 커피는 더 많이 희석될 테지만 쓴맛 역시 더 강해질 수 있다(이런 경우에는 커피를 짧게 추출하고 노즐을 통해 뜨거운 물을 넣는다).

⇨ **커피의 양 조절하기:** 당연한 이야기일 테지만 커피를 더 넣을수록 커피 맛이 더 진해진다.

센물

이런 기계를 사면 대부분 작은 스트립이 함께 들어 있다. 이 스트립을 통해 기계를 망가뜨릴지 모를 석회질의 양을 측정할 수 있다. 센물을 측정하면 언제 물때 제거 경고 메시지를 띄울지 기기 스스로 판단할 수 있다. 이 점을 무시해서는 안 된다. 기기 수명이 여기에 달려 있다!

여과 장치

수돗물에 아무 첨가 물질이 들어 있지 않은 경우는 거의 없어 물에서는 대부분 염소나 흙 맛이 난다. 연수 장치 필터는 물의 이런 결점을 없애 줄 수 있다. 물통에 바로 삽입하면 물때를 여과하고 기기를 보호할 수 있다.

기계 선택

유라 전자동 커피머신 A1

(약 700유로)

외관만큼이나 기능도 훌륭하다! 멋진 커피 머신이 만든 멋진 커피랄까. 유라Jura사는 아주 높은 수준의 커피 품질을 추구한다. 그래서 아로마가 훌륭하게 드러나고 크레마는 밀도 있으며 바디감이 부드럽다. 매우 직관적으로 커스터마이징할 수 있는 기능이 많아 자신이 원하는 바에 맞춰 커피를 만들 수 있다. 또 최소한의 소음으로 원두를 갈아 내는 그라인더 역시 눈여겨볼 만한데 이야말로 정말 큰 이점이다. 특히 아침에 더 그렇지 않겠는가!

드롱기 오텐티카 ETAM 29.510.SB

(약 600유로)

19.5cm의 너비를 자랑하는 이 기기는 자동 에스프레소 머신 제품군에서 가장 부피가 작은 제품 중 하나다. 가격도 좋지만, 커피 품질도 좋아 이 기기를 선택했다. 여러 드롱기 제품에 있는 '도피오 플러스(Doppio+)' 기능을 이용하면 진한 에스프레소를 추출할 수 있다. 도피오 플러스 기능에는 사전 추출 시스템이 있어 커피의 아로마를 최대로 올린다.

장점

어떤 모델이든 드롱기에서 나온 에스프레소 머신의 가장 큰 장점은 추출기를 분리해 물에 씻을 수 있다는 점이다. 모든 커피 머신은 사용할수록 커피 찌꺼기가 점점 축적돼 산패한 커피의 역한 맛이 날 수 있다. 최소 한 달에 한 번 추출기를 청소하면 이런 불쾌한 맛은 피할 수 있다.

단점

커피를 채우지 않으면 물이 부족하다거나 커피 찌꺼기 통을 비워야 한다거나 하는 경고가 뜨지 않는다.

드롱기 디나미카 ECAM 350.55B

(약 850유로)

오텐티카 모델에 있는 기능을 모두 갖추고 거기에 '라떼 크레마 시스템'까지 장착한 이 모델은 온갖 종류의 밀크커피를 만들어 준다. 기기가 만드는 우유 거품의 질은 대단히 뛰어나다. 미세하고 윤기가 흐르며 광채가 있고 밀도가 높다. 편리성이 아주 높은 기기로 설계자가 얼마나 사용자 관점에서 기기를 고안했는지가 고스란히 느껴진다. 매 사용 후 다이얼을 돌리기만 하면 스팀 노즐의 빠른 청소 모드가 작동하고 우유 탱크는 분리되기 때문에, 이 탱크를 냉장고에 다시 넣기만 하면 된다. 라떼 크레마 시스템은 그저 신기한 기계에 머무는 것이 아니다. 멋진 우유 음료로 우리의 삶을 더욱더 쉽고 편리하게 만들어 줄 것이다.

스팀 노즐로 우유를
스팀하는 **방법**에 대한
몇 가지 조언

자동 머신이든 아니든 간에 대부분의 에스프레소 머신에는 스팀 노즐 장치가 있어 우유를 데울 수 있을 뿐 아니라 스팀 피처에 우유를 넣고 우유 거품을 만들 수도 있다. 이 스팀 노즐을 사용하면 우유 음료를 무한히 만들어 낼 수 있다. 물론 커피숍에서 사용하는 전문가용 에스프레소 머신에 비하면 가정용 스팀 노즐의 성능은 살짝 떨어지긴 하지만 결과물은 아주 만족스러울 것이다.

거품을 내려면

- 사용하기 전에 항상 노즐의 잔여물을 청소한다.
- 금속 재질의 스팀 피처를 사용한다.
- 아주 차가운 우유를 사용한다.
- 우유를 스팀 피처의 1/2만큼 채운다.
- 스팀 노즐을 수직으로 세워 중앙에 삽입하고, 스팀 피처의 가장자리에 닿지 않게 한다.
- 노즐을 너무 깊이 담그지 않는다(최대 1cm).
- 가열할 때는 소리를 들으며 피처의 높이를 점차 낮춘다. 약간의 흡입음이 들려야 하고, 절대로 끓는 소리가 들려서는 안 된다.
- 우유를 너무 데우지 않는다. 피처에서 나는 소리가 희미해지면 멈춰야 할 때다.
- 사용 직후에는 항상 마른 천으로 스팀 노즐을 닦는다.

거품 사용하기

- **스팀 피처 바닥**을 항상 평평한 면에 살짝 두드려 큰 거품이 생기지 않게 한다. 조리법에 따라 우유 거품이 필요할 수도, 우유만 필요할 수도, 아니면 둘 다 필요할 수도 있다.
- **거품만 사용하려면:** 스팀 피처를 커피잔 쪽으로 기울이되 내용물이 흘러나오지 않게 한다. 테이블스푼으로 위쪽 거품만 살짝 긁는다.
- **우유만 사용하려면:** 스팀 피처를 기울여 테이블스푼으로 거품을 막은 채 우유만 흘러나오게 한다.

카푸치노 만들기

에스프레소를 추출하고 우유 거품을 3/4지점까지 붓는다. 우유는 우유 거품에서 가장 높은 부분이 커피잔 위로 올라올 정도로만 붓는다.

커피 제조 방법

리스트레토
짧게 내린
에스프레소

에스프레소

도피오
더블
에스프레소

아메리카노
물
에스프레소

모카
우유 거품
우유
에스프레소
초콜릿 시럽

플랫화이트
거품 없는 우유
에스프레소

라떼
우유 거품
우유
에스프레소

마키아토
우유 거품
에스프레소

카푸치노
시나몬 가루
우유 거품
우유
에스프레소

케멕스

1941년 미국에서 화학자 페터 슐룸봄Peter Schlumbohm 박사가 발명한 커피 추출 기구다. 그래서 이 기구의 이름은 chemex(케멕스)가 되었고, 케멕스(kemex)라 발음하게 되었다. 화학자라는 의미의 영어 단어 chemist에 '기발하다excentrique'는 의미를 담아 ex를 붙인 것이다. 이 기구의 발명가는 커피의 아로마를 최대로 끌어 올리고 커피 제조 방법을 단순화하고자 했을 뿐 아니라 기구 자체가 하나의 예술품이 되기를 바랐다. 결과는 대성공이었다. 이 발명품은 아주 훌륭하기 때문이다. 이 기구는 그 유명한 뉴욕 현대 미술관MoMa을 비롯하여 미국의 많은 박물관과 미술관에 전시돼 있다.

슬로우 커피의 상징과도 같은 이러한 여과 방식은 커피 본연의 향을 그대로 유지하면서 커피의 아로마를 섬세하게 추출하는 데 이상적이다. 로라는 "이중결합 형태의 종이필터는 커피 오일을 그대로 간직한다. 입구가 넓은 나팔 형태의 기구는 커피의 아로마를 보존하고 통기하는 이점이 있다. 마치 와인을 담는 물병처럼 말이다."라고 구체적으로 밝힌 바 있다. 반면에 프렌치 프레스와 비교했을 때 바디감은 좀 덜한 편이다.

소요시간	분쇄도	맛	추출 가능량	가격
5분	중간 분쇄 (백설탕 가루의 입자 크기)	가볍다. 간명하다. 향이 풍부하다. 바디감이 작다.	모델에 따라 3~10잔 정도	40~50유로 사이

 장점
- 우아한 디자인
- 제조 및 유지보수 용이
- 작은 부피
- 아주 명확한 아로마

 단점
- 상용화되지 않은 특수필터. 대형 할인점에서는 구매가 어렵고 인터넷이나 전문 가게에서만 구매할 수 있다.

커피 만들기

150ml 한잔을 만들려면 9g의 커피(1잔당 테이블스푼 1큰술 정도)를 준비한다. 커피 종류와 각자의 입맛에 맞추면 된다.

① 미리 접어 둔 필터를 케멕스에 올리고 주전자에 끓인 뜨거운 물로 헹궈 준다. 혹시 있을지 모를 종이의 불순물을 제거하고 유리를 달굴 수 있다.

② 물이 모두 흘러내릴 때까지 기다렸다가 물을 버린다.

③ 필터에 커피를 넣는다.

④ 약간의 물만 부어 4~5초간 뜸을 들여 아로마를 깨우고 커피의 산미를 끌어낸다.

⑤ 남은 물을 천천히 여러 차례 나누어 붓는다. 분쇄된 커피가 고르게 젖을 수 있도록 규칙적으로, 원을 그리며 부어 준다. 이 작업에는 3~4분 정도 소요된다.

⑥ 필터를 꺼내고 커피를 마신다.

===〔 **알아 두기!** 〕===

커피가 식으면 특성이 변하면서 새로운 맛이 드러난다. 특히 잠재된 아로마가 강한 좋은 커피일수록 더 그렇다. 그러니 시간을 두고 천천히 살펴보자.

뒷정리와 유지보수

사용 후에는 기구를 깨끗한 물로 헹구고 뒤집어서 공기가 통하게 두어 말린다. 사용할수록 커피 때문에 유리에 갈변현상이 올 수 있으니 병 세척 솔을 이용해 손이 닿지 않는 바닥까지 세심하게 닦아 주어야 한다.

파리 최고
바리스타의 선택

추출 방식에는 파푸아뉴기니 시그리Papua Nez Guinea Sigri가 잘 어울리는 것 같다. 명확한 바디감
과 카카오-감초 향의 첫맛에 이어 과일 향으로 끝맺음을 하는 방식이 참 좋다.

추출 기구와 필터 고르기

케멕스 3잔용
(약 40유로)

케멕스 6잔용
(약 45유로)

케멕스 필터
(100장에 약 10유로)

━━━ 내 마음에 쏙! ━━━

이 제품은 케멕스는 아니지만, 작동 방식은 같다. 보덤Bodum
사의 푸어오버pour over 커피메이커가 케멕스와 다른 점은 영
구 금속필터가 함께 제공된다는 것이다. 커피 오일이 필터
를 통과해 나오기 때문에 더욱 풍부함 바디감을 느낄 수 있
다. 물론 케멕스 전용 필터를 사용하여 더 가볍고 아로마가
명확한 커피를 만들 수도 있다. 2+1인 셈이다!
가격: 약 40유로

에어로 프레스

에어로 프레스는 최고의 휴대용 커피 추출 기구이다. 작고 깨지지 않아 캠핑이나 휴가용으로 안성맞춤이다. 이런 실용성만큼이나 추출 결과물도 흥미롭다. 에스프레소와 드립 커피 중간 정도의 결과가 나오기 때문이다.

수동으로 가하는 압력에 자극을 받아 커피가 압착되어 커피에 바디감과 힘이 생긴다. 필터는 오일과 작은 입자를 걸러 커피를 정제한다.

소요시간	분쇄도	맛	추출 가능량	가격
5분	가는 분쇄 (에스프레소보다는 약간 굵은 정도)	에스프레소와 드립 커피 사이	에스프레소 잔으로 4잔 또는 큰 머그컵 1잔	35~40유로 사이

 장점

- 휴대성
- 가격
- 견고함
- 작은 부피
- 섬세한 아로마
- 바디감

 단점

- 상용화되지 않은 특수필터. 대형할인점에서는 구매가 어렵고 인터넷이나 전문 가게에서만 구매할 수 있다.

- 적은 추출량(혼자서 큰 머그잔 1컵을 즐길 때, 또는 에스프레소 잔 4개를 채울 수 있음).

- 미적으로 그리 아름답지 않음.

에어로 프레스는 몇 가지 파트로 나뉘어 구성돼 있다. 하단부(챔버: 커피를 담는 부분)에는 번호가 매겨져 있는데 만들 수 있는 잔 수를 뜻한다. 상단부(플런저: 커피를 눌러서 추출하는 부분)는 압력을 가하는 역할을 한다. 매번 사용할 때마다 필터캡에 필터를 삽입하고 하단부에 끼워 넣는다. 기본 원리는 상단부와 하단부를 서로 맞춰 끼우고 힘을 주어 눌러서 커피잔에 커피를 추출하는 것이다.

커피 만들기

1L당 60g의 커피, 즉 큰 컵 1잔당 15g의 커피를 준비한다.(커피 종류와 각자의 취향에 따라 조절하면 된다.)

① 필터를 필터캡에 꽂고 번호가 적힌 하단부(챔버)에 단단히 조여 꽉 고정한다.

② 기구의 하단부(챔버)를 커피잔 또는 피처 위에 올려놓는다.

③ 뜨거운 물을 부어 종이의 미세입자를 제거한다. 흘러내린 물을 버리고 용기를 다시 원위치 시킨다.

④ 기구 구매 시 동봉된 깔때기를 사용하여 하단부(챔버)에 커피를 넣는다.

⑤ 끓는점에 도달하지 않은 물(90~95° 사이)을 두 차례에 나누어 붓고 프리 인퓨전(커피 추출에 앞서 커피층에 추출 압력이 걸리기 전 커피 가루를 부드럽게 적셔주는 과정)한다(30초).

⑥ 동봉된 스패출러로 전체를 휘저어 섞고 15초에서 1분간 우려낸다.

⑦ 상단부(플런저)를 삽입하고 한 번에 수직으로 눌러 압력을 가한다.

팁

바디감을 높이려면 힘을 더 많이 주고 더 빠르게 압력을 가하면 된다. 같은 커피일지라도 추출 시간과 커피의 양, 압력을 가한 속도에 따라 다른 결과물이 나온다.

뒷정리

식기세척기에 넣으면 안 된다. 따뜻한 물로 한번 헹구기만 하면 아주 충분하다.

파리 최고
바리스타의 선택

이 추출 기구에는 무조건 과일 향이 나는 커피가 좋다. 붉은 과일 노트를 가진 케냐나 시트러스 향이 나는 수마트라 커피는 아주 좋은 결과물을 만들어 낼 것이다. 하지만 내가 가장 좋아하는 것은 에티오피아다. 에티오피아의 모카 시다모는 찰떡궁합이다!

에어로 프레스(약 35유로)

터키식 커피 체즈베

중동을 대표하는 커피 추출기로 긴 구리 손잡이가 달려 있다. 체즈베cezve, 이브릭ibrik, 라쿠아raqwa 등 불리는 이름이 여러 가지다. 선조 시대부터 이어져 내려온 이 기구는 커피를 '달이는' 방식으로 추출한다. 즉 커피를 물에 넣고 가열하는 것이다. 18세기까지는 커피를 만드는 유일한 방식이었다고 한다.

터키식 커피를 만들려면 최대한 커피를 가늘게 분쇄하여 부드럽고 진한 질감을 낼 수 있도록 해야 한다. 터키식 커피는 마시기도 하고 먹을 것도 있는 두껍고 탁한 커피로 알려져 있기도 하다. 중동에서는 대부분 설탕 또는 카다멈(카다멈 또는 카르다몸. 생강과 소구두 등의 식물 씨앗으로 만든 향신료. 인도, 부탄, 인도네시아, 네팔이 기원이다) 같은 향신료 또는 두 가지 모두를 넣어 커피를 제조함으로써 신맛을 줄이고자 했다. 전통적으로는 로스팅을 약하게 한 커피를 사용했기 때문이다.

소요시간	분쇄도	맛	추출 가능량	가격
10분	매우 가는 분쇄 (밀가루와 비슷한 정도의 굵기)	진하다. 부드럽다. 풍미가 있다.	1, 2 또는 4잔	약 20유로

 장점
- 가격
- 견고함
- 작은 부피
- 탁월한 질감

 단점
- 특수한 커피 분쇄도가 필요함
- 커피잔과 입안에 커피 찌꺼기 잔류물이 남음.

커피 만들기

① 1잔을 만들 때: 커피용 추출 기구에 물을 담아 요리용 화덕에서 가열한다. 물은 뜨거워야 하지만 끓는 듯하지는 않아야 한다. 또 물을 너무 많이 채우지 않도록 주의해야 한다. 기구의 2/3 정도만 채우는데 약 15cl 정도가 된다.(10cl=100ml. 따라서 15cl는 150ml가 된다.)

② 아주 가늘게 분쇄한 커피를 커피 1잔당 1작은술씩 커피 추출 기구 안에 넣는다. 설탕을 넣거나 향신료를 넣어 맛 기행을 떠나 볼 수도 있다.(계피, 카다멈, 팔각, 정향, 바디안)

③ 저어 준다.

④ 체즈베를 약한 불에 올려 가열하고 계속 살펴본다. 커피에 거품이 일기 시작할 때 절대로 펄펄 끓어서는 안 된다. 불에서 내리고 1분 동안 기다린다. 그 과정을 다시 반복한다. 텍스처를 더 내려면 이 과정을 더 여러 번 반복하면 된다. 하지만 커피를 오랫동안 우려낼수록 커피가 진해지고 카페인 함유량이 많아지므로 주의할 것!

⑤ 커피를 천천히 잔에 따른다.

⑥ 시음하기 전에 2분간 기다려 커피 찌꺼기가 커피잔 바닥에 가라앉도록 한다.

알아 두기!

입안에서 불쾌감을 느끼지 않으려면 커피를 끝까지 다 마시지 말고, 물을 곁들여 마신다.

뒷정리

체즈베는 따뜻한 물에서 거칠지 않은 스펀지로 씻는다.

파리 최고
바리스타의 선택

너무 쓴맛이 나지 않아야 하니 균형 잡힌 커피, 특히 너무 강하게 로스팅하지 않은 커피를 추천한다. 우디 향에 짜임새 있는 맛을 가진 에티오피아의 모카하라Moka Harrar에 카다멈을 살짝 넣어 마셨을 때 감미로웠던 것 같다.

한 방울씩
차갑게 추출하는
콜드 드립

이 추출 기구를 이용하면 커피가 멋진 예술작품이 된다. 아마도 여과식으로 커피를 차갑게 내리는 최고의 방법 중 하나가 아닐까 싶다. 콜드 드립을 할 때는 서두르지 말아야 한다. 물이 분쇄된 커피를 뚫고 지나가 방울방울 떨어지면서 모든 아로마가 배어든다.

달콤하고 아로마가 풍부한 커피를 만들 수 있다. 또 물이 최대한의 카페인을 끌어낼 수 있을 만큼 충분한 시간을 보냈기 때문에 강장제 역할을 한다. 추출을 하려면 몇 시간이 걸리기 때문에 서둘러서는 안 된다! 그렇다. 매일 마시는 커피를 추출하는 방법으로는 어렵고 귀찮은 일처럼 보일 수도 있다. 하지만 그 결과물이 어찌나 놀라운지 이 콜드 드립을 다루지 않고서는 그냥 넘어갈 수가 없었다.

소요시간	분쇄도	맛	추출 가능량	가격
설정에 따라 약 4시간 내외	중간 분쇄 (가루 형태의 백설탕 정도의 입자)	달콤하다. 차다. 아로마가 풍부하다. 꽃 향이 난다.	6잔	약 250유로

 장점
- 어떤 커피에는 느껴질 수도 있는 신맛과 쓴맛을 가려줌.
- 아로마가 풍부함.
- 간단한 사용법

✖ 단점
- 너무 긴 추출 시간
- 큰 부피
- 깨지기 쉬움.
- 가격

커피 만들기

머그잔 3~4잔 정도를 만들려면 물 700mL에 70g의 커피(테이블스푼 10스푼 정도)를 중간 굵기의 분쇄도를 준비한다.

① 중앙부에 분쇄한 커피를 넣는다.

② 상부와 하부 물병에 물을 담는다.

③ 밸브를 조정하여 첫 5분 동안에는 빠른 속도(초당 2~3방울)로 물이 흘러내릴 수 있도록 유량을 조절해 커피를 적신다. 이후에는 속도를 줄여 2초에 한 방울이 떨어지게 한다.

④ 시음 전에는 실온에 두기보다는 찬 곳에 둔다.

· 아주 차갑고 멋진 거품이 있는 커피를 만들려면 추출된 커피를 얼음 몇 조각과 함께 셰이커에 넣고 흔든다. 아주 근사한 결과물이 나올 것이다.

· 밸브를 통해 유량 조절을 하는 것은 추출 시간뿐 아니라 커피의 강도에도 영향을 미친다. 아로마와 달콤한 맛을 더욱 풍부하게 하려면 유량을 줄인다. 반대로 더 가벼운 커피를 만들려면 유량을 최대한 늘린다.

파리 최고
바리스타의 선택

이 커피 추출 기구에는 과일 향과 섬세함이 특징인 코스타리카를 택했다. 꽃 향과 우디 향이 있는 커피 역시 고려해 볼 만하다. 너무 쓴 커피나 강하게 로스팅한 커피는 실망스러운 결과를 가져올 테니 피하자.

뒷정리

맑은 물에 손을 씻는다. 용기가 깨지기 쉬우니 식기세척기 사용은 최대한 피한다.

콜드 드립, 하리오 Hario(약 300유로)

전기
커피메이커

대개 프로그래밍이 가능한 자동 커피메이커는 사용법이 아주 간단하다. 물을 넣고, 필터에 커피를 넣어서 주전자가 가득 차기를 기다리기만 하면 된다. 자동 커피메이커는 근 몇 년 새 진화를 거듭해 이제 아주 훌륭한 커피를 만들어 낸다.

옛날 모델들은 잊어버려라!

자동 조리기구가 부지기수로 늘어나던 1970~80년대, 여과식 전기 커피메이커는 필수품이었다. 당시 커피메이커의 문제점은 물이 항상 같은 위치만을 통과했다는 것이다. 즉 분쇄된 커피에 물이 닿는 부위가 일정하지 않았고 결국 원추형의 중간 부분만 과추출됐다. 물이 커피의 무덤을 파는 꼴이다. 맛있는 드립 커피를 만들려면 분쇄한 커피에 물이 잘 스며들어야 하는데, 특히 고르게 물에 적시는 것이 중요하다!

게다가 대개 물이 너무 뜨거워서 커피가 추출되는 과정에서 타버리고, 결국 맛이 없어졌다.

위와 같은 두 가지의 이유로 전기 커피메이커의 옛날 모델은 추천하지 않는다. 반면 훨씬 현대적이고 디자인이 멋진, 커피를 땅에 묻어 버리는 대신 그 가치를 살리는 새로운 모델들이 있다. 물론 더 비싸지만 비싼 값을 할 만한 결과물이 나온다.

케멕스 오토매틱
(약 500유로)

전기식 자동 버전의 케멕스는 커피를 잘 적셔 훌륭한 드립 커피를 만드는데 이상적이다. 물이 샤워기처럼 분무 형태로 흘러내려 고르게 배열된다.

모카마스터 컵원
(약 300유로)

자동 드립 커피 메이커의 고급형 모델이다. 커피를 고르게 적셔주는 샤워기 형태의 분무 시스템뿐 아니라 완벽한 온도조절 기능 (92~96℃ 사이)까지 갖춰 절대로 커피가 타지 않는다.
컵원Cup-one 모델은 기기 색상에 맞춘 예쁜 커피잔 2개를 함께 제공한다. 이 커피메이커는 본래 1잔용으로 만들어졌으나 가족용으로 사용할 수 있는 모델도 있다.

밀리타 아로마 엘레강스 덤 디럭스 1012-06
(약 200유로)

이 커피메이커는 일정한 추출을 위한 샤워기 형태의 분무 시스템만 장착한 것이 아니다. 소소한 플러스 요인이 넘쳐난다. 커피 주전자는 이중 내벽의 스테인리스 재질로 되어 있어 깨지지 않는 데다가 커피를 적정온도로 보존한다. 그뿐만 아니라 타이머 기능이 있어 커피 제조 시간을 설정할 수 있다. 커피 향기를 맡으며 잠에서 깨어나기에 최적이다.

보덤 비스트로 커피 머신
(약 75유로)

이 기계가 좋은 이유는 만들어 내는 커피 품질이 좋은 것 뿐만이 아니다. 이 커피메이커가 만들어 낼 수 있는 용량(12~18잔)에 비해 초소형이기 때문이다. 샤워기 형태의 분무 시스템을 갖춘 커피 머신으로 아주 근사한 이 커피메이커는 심지어 커피 제조 시간을 프로그래밍할 수 있는 타이머 기능까지 갖추고 있다. 영구 필터가 동봉돼 있으므로 종이로 된 필터도 필요 없다.

모카
포트

이탈리아식 커피 추출 기구 또는 모카포트라 불리는 이 기구는 발명한 사람의 이름을 따 비알레티라 불리기도 한다. 아르데코 디자인의 이 기구는 이탈리아 커피의 아이콘이 되었다. 모카포트는 당시 에스프레소 머신의 대체품으로 만들어졌는데, 압력을 가한 물을 내보내 커피를 추출하는 방식이다. 에스프레소 머신에 비해서는 압력이 훨씬 낮지만 그렇다고 강력하고 부드러운 커피를 만들지 못하는 것은 아니다. 필터가 커피 오일을 통과시키기 때문에 꽤 밀도 있는 텍스처가 나와 바디감 있는 커피가 된다.

이 모카포트는 유행을 타지 않는 디자인뿐 아니라 간단한 사용법, 약간 탄맛이 나는 매력적인 끝맛으로 사랑받고 있다. 그렇지만 이 기구를 사용해 커피를 만들 때는 커피가 완전히 타버리지 않도록 몇 가지 규칙을 지켜야 한다.

소요시간	분쇄도	맛	추출 가능량	가격
7분	평균적인 가는 분쇄 (시중에 유통되는 일반 커피 굵기)	강하다. 부드러운 질감	모델에 따라 1~12잔	25~50유로

 장점
- 쉬운 사용법
- 가격
- 견고함
- 맛의 강렬함
- 큰 바디감

 단점
- 너무 빠르게 만들면 커피가 탈 수 있음.
- 드립 커피나 프렌치 프레스보다 아로마의 섬세함이 덜함.

커피 만들기

① 아랫부분('보일러'라 부름)에 안전밸브까지 물을 채우되 물이 절대로 안전밸브를 넘어가서는 안 된다.

② 필터('바스켓'이라 부름)를 올리고 커피를 담는다. 담은 커피를 손가락으로 평평하게 만든다. 커피는 필터 가장자리보다 살짝 아래까지 채우면 된다. 절대로 커피를 꾹 눌러 담지 않는다.

③ 상부와 결합해 고정하고, 뚜껑을 열어 둔 채로 약한 불에 가열한다.

④ 증기와 끓는 소리가 들리자마자 모카포트를 불에서 내린다. 그러기 위해서는 계속 옆에서 지켜보고 있어야 한다.

팁

· 미리 데운 물을 모카포트에 채워 사용하면 시간을 절약할 수 있을 뿐 아니라 커피를 너무 오래 가열해 태우는 것을 막을 수 있다.

· 가스레인지로 가열하는 경우 커피가 한 방울 나오자마자 불을 줄이면 커피가 덜 타게 되어 더 좋은 결과물을 얻을 수 있다.

뒷정리

모카포트를 세척할 때는 커피를 다 마실 때까지 기다리거나 모카포트에 찬물을 쏘여주거나 해서 데이지 않도록 유의해야 한다. 맑은 물과 거칠지 않은 스펀지로 세척한다. 모카포트가 항상 깨끗하게 유지하지 않으면 커피가 해를 입는다. 깨끗이 청소하면 여러분의 미각이 감사 인사를 전할 것이다.

모카포트 선택하기

알루미늄 모카포트
비알레티 모카 익스프
레스(Biqlettei Moka
Express)
3잔용, 15cl
(약 25유로)

모카포트
미니 익스프레스 비알레티
(Mini Express Bialetti)
2잔용, 10cl
(약 50유로)

전기 모카포트
비알레티 모카 일렉트
리카(Bialetti Moka
Elettrika)
2잔용, 10cl
(약 60유로)

**스테인리스 인덕션 모카
포트**
비알레티 비너스 엘레강스
(Bialetti Venus Elegance)
6잔용, 30cl
(약 50유로)

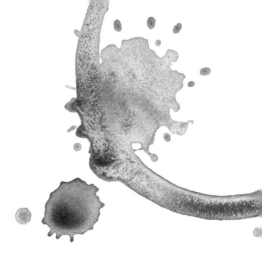

프렌치
프레스

베이직한 커피, 즉 부드럽게 추출된 커피로 되돌아가려는 사람들이 점점 늘어나고 있어 찬장에 박혀있던 보덤Bodum, 멜리어Melior, 그 외 다른 브랜드의 프렌치 프레스가 다시 빛을 보고 있다. "프렌치 프레스"는 이름에서 연상되는 것과 달리 압력으로 커피의 아로마를 추출하는 것은 아니다. 프렌치 프레스는 커피를 우려내는 방식으로 추출하는 기구이다. 압력은 그저 커피 찌꺼기를 분리하는 역할만 한다.

금속 재질로 된 그물 형태의 필터는 상대적으로 덜 촘촘해서 커피 오일과 '미분fines'이라 일컫는 커피 미립자를 그대로 통과시킨다. 결국, 묵직한 바디감과 비단결 같은 텍스처를 지닌 커피가 입속 미각을 완전히 뒤덮는다. 요리할 때와 마찬가지로 거름망을 통과한 오일은 감미롭고 부드러운 맛을 더한다. 그 덕분에 일부 커피에서 나타나는 신맛은 가려진다.

소요시간	분쇄도	맛	추출 가능량	가격
5분	굵은 분쇄 (흑설탕 가루의 입자 크기)	부드럽다. 가볍다. 아로마가 풍부하다.	모델에 따라 2~8잔	15~50유로

 장점
- 간편한 제조와 유지보수
- 작은 부피
- 신맛에 민감한 사람에게 적절함.
- 풍부한 아로마

 단점
- 대형할인점에서는 찾아볼 수 없는 특정 분쇄도로 커피를 갈아야 함.
- 대개 커피잔 바닥에 약간의 커피 찌꺼기가 남음.

커피 만들기

2잔용 기구, 즉 작은 잔 2잔 또는 머그잔 1잔 제조 시

① 프렌치 프레스 안에 커피를 테이블스푼으로 3큰술 담고 물을 약간 넣어 1분 동안 커피를 적신다.

② 뜨거운 물을 주둥이 1cm 아래까지 채운다. 숟가락으로 휘젓고 뚜껑을 덮어 3~4분 동안 기다린다.

③ 천천히 플런저(프렌치 프레스 기구의 구성요소 중 거름망이 붙어 있어서 커피와 물을 분리하는 도구)를 바닥까지 누르고 시음한다.

만약 저항력이 느껴진다면 커피를 너무 많이 넣었거나 커피를 너무 가는 분쇄도로 갈았거나 커피가 충분히 우러나지 않은 것이다.

피해야 할 함정

- **온도:** 무엇보다도 펄펄 끓는 물을 사용하면 안 된다. 커피를 태워 쓴맛을 유발하고 아로마를 파괴할 가능성이 있다.

- **시중에 유통되는 커피를 사용하지 말자.** 이런 커피는 분쇄도가 너무 가늘다! 커피 가루가 필터를 통과해 나올 우려가 있고 그렇게 되면 과추출될 것이다. 마시기도 하고 씹기도 해야 하는 커피가 될 뿐 아니라 더 쓰고 덜 섬세한 커피가 될 것이다. 또 압력을 가하는 동안 찌꺼기가 튀어 올라 화상을 입을 우려도 있다.

뒷정리

모든 커피 입자를 제거하는 데 초점을 맞춰 날마다 유리병과 필터를 맑은 물에 헹군다. 무엇보다도 비누나 주방세제를 사용해서는 안 된다. 여러 차례 사용하다 보면 커피 맛에 영향을 미치기 때문이다. 더 제대로 세척 하고 싶다면 필터를 몸체에서 분리해 칫솔로 닦는다.

파리 최고
바리스타의 선택

일반적으로 아침에 사용하기 좋은 커피 추출 기구이다. 따라서 살짝 과일 향이 나면서도 너무 신맛이 강하지 않은 균형 잡힌 커피를 추천한다. 노란 과일 노트나 건과일 노트를 가진 중앙아메리카 커피(니카라과, 살바도르 등)가 프렌치 프레스와 잘 어울린다.

프렌치 프레스 고르기

프렌치 프레스
0.35L 보덤 샴보드(Bodum Chambord): 3잔용
(약 35유로)

프렌치 프레스
1L 보덤 샴보드(Bodum Chambord): 8잔용
(약 60유로)

머그형 프렌치 프레스
0.35L 보덤 트래블 프레스 (Bodum Travel Press)
(약 50유로)

프렌치 프레스 0.5L
에스프로 P5 구리(Espro P5 cuivre) 4잔용
이중 필터 시스템으로 안전성과 아로마의 명료성을 확보
(약 100유로)

나의
조언

착각하지 마시길! 프렌치 프레스의 사용법은 간단하지만 프렌치 프레스로 맛있는 커피를 만들려면 주요 원칙 몇 가지를 꼭 지켜야 한다. 선택의 여지없이 분쇄도를 조정할 수 있는 그라인더를 구매하거나 굵게 분쇄한 커피를 사와야 한다. 게다가 그 무엇보다 가장 중요한 것은 커피를 태우지 않으려면 펄펄 끓지 않는 물을 사용해야 한다는 점이다.

위험 주의!

다른 사람들처럼 당신도 프렌치 프레스 기구를 가지고 있고, 가볍고 아로마가 풍부한 커피를 좋아한다고 가정하자. 이때 가장 많이 하는 실수는 커피를 슈퍼에서 사오는 것이다. 이런 종류의 기기에 사용하기에는 너무 가늘게 분쇄됐을 텐데 말이다. 이런 경우 당신은 최소한 세 가지 위험에 노출돼 있다.

튀어 오른 커피, 화상, 병원

커피 가루가 너무 가늘어서 커피 찌꺼기를 물에서 분리하기 위해 점점 세게 누르게 될 것이다. 한계점에 다다랐지만, 당신에게 꼭 필요한 카페인의 양이 분명히 있고 그래서 더 세게 누른다. 퍽! 틈새로 물이 새어 나와 당신의 오른쪽 눈으로 돌진한다. 참을 수 없을 만큼 고통스럽고, 커피도 마시지 못한다.

마실 것도 있고, 먹을 것도 있고, 환상의 미소까지!

지난번에 이미 끔찍한 대재앙을 겪었기 때문에 이번에는 적정량의 커피를 넣었다. 덜 세게 눌러서 그럭저럭 액체와 고체도 분리했다. 그렇지만 커피 입자 몇 개가 내벽과 필터 사이로 통과해서 커피잔에 들어가고, 이어서 당신의 치아 사이에 끼어버리는 것은 어쩔 수 없다. 여기서 이런 표현이 나왔다. 마실 것도 있고, 먹을 것도 있고, 환상의 미소까지!

과추출

이제 드디어! 완벽한 커피를 만들었다. 두 가지 위험요소를 모두 피했다. 튀지 않았고 커피잔에 찌꺼기도 남지 않았다. 그런데 문제는 분쇄도가 너무 가는 나머지 커피가 과추출됐다는 것이다. 한껏 포화상태가 된 아로마를 발판 삼아 쓴맛이 더 강해졌다.

자신에게 알맞은 커피 추출 기구 선택하려면?

	하리오 V60	프렌치 프레스	전기 커피메이커	모카포트
강력하고 밀도 있고 바디감이 묵직한 커피를 만들기 위해				✚✚
가볍고 아로마가 풍부한 커피를 만들기 위해	❤	✚✚✚	✚✚✚	
머그잔에 마실 커피를 만들기 위해	✚✚✚	✚✚✚	✚✚✚	
작은 커피잔(10cl)에 마실 커피를 만들기 위해				✚✚
제조에 5분 미만의 시간이 소요되는 커피를 만들기 위해	✚✚✚	✚✚✚	✚✚	✚✚✚
자동 머신을 원한다면			✚✚	
가족용 크기를 원한다면		✚✚	✚✚✚	
휴가를 떠날 때 가져가고 싶다면	✚	✚		✚✚✚
차가운 추출을 위해		❤		
커피 베이스의 프라푸치노를 만들기 위해				✚✚
작은 부피를 원한다면	✚✚✚	✚✚✚		✚✚✚
혼자 즐길 용도라면	❤	✚✚✚		✚✚✚
큰 비용을 들이지 않고 싶다면	✚✚✚	✚✚✚	✚	✚✚✚
시중에서 파는 이미 분쇄된 커피를 사용하기 위해	✚		✚✚✚	✚✚✚
별로 꼼꼼하지 않은 사람을 위해(사용 및 유지보수)		✚	✚	✚✚✚
특수한 커피를 만들기 위해	✚✚✚	✚✚✚	✚	
밀크커피를 만들기 위해				✚
환경보호주의자(에콜로지스트)를 위해	✚	✚✚✚		✚✚
시각적 즐거움을 위해		✚		✚

에어로 프레스	케멕스	에스프레소 머신	그라인더 일체형 에스프레소 머신	콜드 드립	체즈베
✛		♥	♥		✛✛✛
✛	♥			✛✛✛	
♥	✛✛✛			✛✛✛	
✛✛✛		✛✛✛	✛✛✛		
✛✛✛	✛✛✛	✛✛✛	✛✛✛		✛✛✛
		✛	♥		
	✛✛		✛✛✛		
♥					✛✛
			✛✛✛		
✛		✛✛✛	✛✛✛		
✛✛✛					✛✛✛
✛✛✛	✛	✛✛✛	✛✛✛		✛✛✛
✛✛✛	✛				✛✛✛
✛✛	✛			✛	
✛✛✛			✛		✛✛✛
✛✛✛	✛✛✛	✛✛	✛✛	✛✛	
		♥	♥		
✛	✛			✛	✛✛
	♥	✛		✛✛✛	✛

03

커피로 만드는
달콤하고 짭조름한
21가지 레시피

마실 거리나 먹을거리, 따뜻하거나 찬 것, 달콤하거나 짭짜름한 것 등 커피는 웬만한 모든 요리에서 식자재로 쓰일 수 있는 무한한 잠재력을 가졌다. 이번 장에서는 커피를 베이스로 한 나만의 엄선된 레시피와 여러 아마추어와 프로들이 공유에 동의한 그들의 비법을 나누어 보려 한다.

마시모 산토로 Massimo Santoro
바리스타, 프랑스 최고의 바리스타 전문 교육 센터 BBS(바리스타 바텐더
솔루션Barista Bartender Solutions) 트레이너
특이사항: 2018년 프랑스 바리스타 챔피언

커피, 라즈베리, 홍차 시럽 칵테일

소요시간
10분

필요한 장비
에스프레소 머신이 있는 편이 좋음
휘핑기

재료(3인 기준)
다즐링 티 1회 분량
설탕 200g
라즈베리 80g
분쇄한 커피 28g(브라질, 케냐, 중앙아메리카 등 초콜릿 향)

식사 마지막 순서나 간식 타임에 친구들의 눈을 휘둥그렇게 만들, 아주 쉬운 미지근한 무알코올 칵테일을 소개한다. 마시모 산토로에게 프랑스 바리스타 챔피언십 우승컵을 안겨 준 시그니처 음료를 재해석했다. 파티셰 케이크보다도 맛있어 혀끝에 놀라움을 선사할 것이다!

만드는 방법

홍차 시럽

다즐링이나 잉글리쉬 브랙퍼스트 계열의 홍차 1회 분량을 92℃ 물 200cl에 우려낸다. 센 불에 냄비를 올리고 우려낸 홍차와 설탕 200g을 넣는다. 40초간 쉬지 않고 저어 준 뒤 가만히 둔다.

라즈베리 퓌레

라즈베리를 으깨고 숟가락으로 누르며 체에 거른다. 퓌레가 전부 그물망을 통과해 볼에 담길 수 있게 한다.

커피

초콜릿 향이 있는 커피를 사용해서 진한 에스프레소(3cl)를 4잔 뽑는다. 마시모는 코스타리카 그랑 크뤼로 칵테일을 만들었지만, 케냐나 브라질 등 초콜릿 향이 난다면 어떤 커피든 사용해도 좋다. 에스프레소 머신이 없다면 12cl의 진한 커피를 사용하자.

팁

마시모는 에어로 프레스로 에스프레소를 여과하여 크레마를 걷어 내지만, 숟가락으로 크레마를 걷어 내는 것도 무방하다. 어쨌든 목적은 쓴맛을 제거하는 것이다.

짜기

홍차 시럽 2cl과 라즈베리 퓌레, 커피를 휘핑기에 담는다. 가스통을 삽입하고 물병에 칵테일을 짜낸다. 이어서 3개의 잔에 나누어 담는다.
7분 이내에 미지근한 상태로 먹는다. 시간이 지나면 칵테일의 상태가 안 좋아진다.

모든 것은 디테일에 달려 있다!

휘핑기에 모든 게 달려 있다. 휘핑기에 주입한 가스가 혼합물을 칵테일로 만들어 음료에 가벼운 텍스처를 선사한다.

코코넛 밀크와
아몬드 아포가토

레시피
2
분

에스프레소와 바닐라 아이스크림을 섞어 만드는 이탈리아 전통 디저트를 2분 만에 재해석해 본다. 유리컵 바닥에 코코넛 밀크를 깔고 바닐라 아이스크림 한 스쿱을 얹은 뒤, 그 위에 에스프레소를 부으면 된다. 마지막으로 슬라이스 아몬드를 뿌린다. 바로 맛있게 먹는다.

셀린 자리Céline Jarry **인스타그램: @cejarry**

장래가 유망한 파티셰이자 인스타그래머

특이사항: 셀린의 인스타그램에 올라온 레시피가 너무나 훌륭한 나머지 이 책을 쓰면서 꼭 연락하고 싶었다.

바나나 초콜릿 커피 타르트

소요시간
1시간
필요한 장비
버티컬 믹서기
짤주머니
재료(6~8인 기준)
무가염 버터 125g
슈가 파우더 80g
소금 한 꼬집
작은 계란 1개(40g)
밀가루 200g
밀크 초콜릿 300g
지방분 무 제거 액체 크림 20cl
분쇄한 커피 8g(가득 채운 3작은술)
너무 익지 않은 바나나 1개

요리는 수학과 비슷하다. 항상 맞아떨어지는 화학식이 있다. 바나나와 초콜릿과 커피의 조합에 실패란 없다. 맛있으면서 만들기 쉽고, 보기에도 좋은 레시피를 만들기 위해 심혈을 기울였다.

만드는 방법

반죽

무가염 버터 100g

무가염 버터 100g

슈가 파우더 80g

소금 한 꼬집

작은 계란 1개(40g)

밀가루 200g

포마드 상태가 될 때까지 버터를 풀어 준다. 슈가 파우더와 소금을 넣는다. 계란을 넣고 거품기로 섞은 다음 체에 거른 밀가루를 넣어 준다. 반죽을 너무 치대지 않는다(반죽기를 사용한다면 잎사귀 모양의 플랫비터를 사용할 것). 한 덩어리로 만들고 냉장고에서 1시간 동안 휴지시킨다.

밀대로 반죽을 밀고 22cm 원형 틀 바닥에 깐다. 30분간 찬 곳에 둔다. 오븐을 180℃(온도조절 장치 6번)로 예열한다. 반죽을 포크로 찌르고 오븐에서 15~20분간 구운 뒤 그릴에 올려 식힌다.

가나쉬

밀크 초콜릿 300g

지방분 무 제거 액체 크림 20cl

분쇄한 커피 8g(가득 채운 3작은술)

버터 25g

너무 익지 않은 바나나 1개

중탕으로 초콜릿을 녹인다. 잠시 그대로 둔다. 휘핑크림을 끓이고 불을 끈 뒤 커피 가루를 넣고 뚜껑을 덮어 10분간 우려낸다. 체에 걸러 커피 가루를 최대한 걸러내고 다시 끓인다. 크림을 세 차례에 나눠 초콜릿에 붓는데 이때 균일하고 매끈한 혼합물을 만들 수 있도록 실리콘 주걱으로 쉬지 않고 저어 준다. 버터를 넣고 녹을 때까지 섞는다.

바나나를 얇게 썰고 식힌 타르트에 올린 뒤 그 위에 바로 초콜릿 가나쉬를 붓는다.

완성된 타르트를 최소 1시간 동안 찬 곳에 넣어 두고 먹기 15분 전에 꺼내 먹는다.

남은 크렘

앙글레이즈와 흑기사

냉장고 안에 크렘 앙글레이즈가 약간 남아 있다면 절대 버리지 마시라! 그 위에 에스프레소를 내린 다음 오렌지 제스트를 뿌린다. 시나몬 스틱으로 젓는다.

생크림으로
재해석한 스페큘러스
아이리시커피

소요시간

10분

필요한 장비

휘핑기

무엇이든 커피를 만들 수 있는 기구

20cl짜리 투명한 유리잔 4개

재료(4인 기준)

3cl 커피 4잔

농축 커피액 10g

모닌사의 스페큘러스, 계피 또는 레드 향 시럽 20g(없다면 원당액과 계핏가루 세 꼬집으로 대체)

지방분이 적은 액체 크림 20cl

3cl 위스키 2잔

지방분 무 제거 액체 크림 20cl

슈가 파우더 30g

데커레이션을 위한 커피 과자와 통원두

유행을 타지 않는 클래식, 커피와 위스키와 생크림의 조합은 모르는 이가 없다. 오늘은 이 아이리시커피를 휘핑기로 다시 손질해 음료와 디저트 중간쯤 되는 새로운 창작물을 만들어 보려 한다. 생크림 휘핑기가 없다면 전기 휘핑기와 짤주머니를 이용해서 만들 수 있다.

만드는 방법

3cl의 진한 커피를 4잔 만들고(에스프레소를 내리거나 모카포트를 이용하는 것이 좋다) 각 유리잔에 붓는다.

생크림 휘핑기에 커피 농축액과 원하는 시럽 20g, 지방분이 적은 액체 크림 20g, 위스키 3cl를 넣는다. 생크림이 잘 만들어지려면 크림이 아주 차가운 상태여야 한다. 가스를 주입하고 20초간 힘차게 흔든다. 만들어진 크림을 각 유리잔의 중간까지 오도록 원을 그리며 넣는다.

볼에 지방분 무 제거 액체 크림 20cl와 슈가 파우더 30g, 위스키 3cl를 넣고 섞는다. 사용한 휘핑기를 맑은 물에 씻고, 방금 만든 혼합물을 담는다. 가스를 주입하고 세차게 흔든다. 각 유리잔 두 번째 층에 크림을 넣는다.

주의!

휘핑기를 분리하기 전에 싱크대에 대고 주입한 가스를 모두 비워 내야 한다. 이렇게 하면 온 주방이 생크림 범벅이 되는 불상사를 막을 수 있다.

커피 과자를 잘게 부수어 크림 꼭대기에 뿌리고 통원두로 장식한다.

피스타치오
아이스커피

레시피
2
분

————————

준비는 2분이면 끝나지만 마시기 전날 만들어 두어야 한다. 우유 25cl에 피스타치오 시럽 2큰술을 섞는다. 혼합물을 얼음 틀에 넣고 냉동실에서 6시간 동안 얼린다. 자신이 가장 선호하는 커피에 넣어 먹는다.

모히토
커피

여름밤에는 약간의 카페인 정도야 기꺼이 받아들일 수 있지 않겠는가. 세상에서 가장 널리 알려진 음료를 커피로 재창조해 보고자 한다. 물론 정도껏 마셔야 한다!

소요시간

10분

6시간 냉동

필요한 장비

무엇이든 커피를 만들 수 있는 기구

절구 공이

얼음 틀

재료(1인 기준)

커피 1잔

라임 반개

흑설탕 1큰술

신선한 민트 잎 5장

황갈색 럼주 5cl

탄산수

만드는 방법

커피 얼음
인당 1~2잔의 커피를 만들고 식힌 다음 얼음 틀에 붓는다. 여과식 추출 기구나 프렌치 프레스를 이용한다면 커피의 양을 늘려 진하게 내린다. 6시간 이상 얼려 준다.

칵테일
라임을 깨끗이 씻고 둥글게 썬 다음 각 둥근 조각을 다시 네 조각으로 나눈다.

큰 유리잔에 라임 반 개 분량의 즙을 짠다. 흑설탕 1큰술과 신선한 민트 잎 5장을 첨가한다. 절구로 모든 내용물을 으깬다.

황갈색 럼주 5cl를 넣고 숟가락으로 젓는다.

잔의 2/3지점까지 탄산수를 넣는다.

내가기 직전에 커피 얼음을 통으로 넣거나 블렌더로 갈아서 넣는다.

디디에 르폰 Didier Lepone
파리 소재 브라스리(맥주 등의 술과 음식을 함께 파는 음식점) 셰프
특이사항: 소스 마스터

커피크림 샬롯 소스를 곁들인 서로인 스테이크

소요시간
40~50분

재료(4인 기준)
샬롯 감자(얇은 껍질에 탄탄한 알맹이를 가진 길쭉한 형태의 프랑스 감자) 4개
지방분 무 제거 액체 크림 40cl
통원두 50g
샬롯 5개
버터 50g
흑설탕 2작은술
서로인 4조각(또는 다른 소고기)
올리브유
해바라기씨유

입안에 가득 퍼지는 그 맛에 감정이 북받쳐 올라 눈물을 흘렸다. 왜 커피크림 샬롯 소스가 후추 소스나 베어네이즈 소스(버터, 샬롯, 타라곤, 처빌, 식초, 화이트와인을 약한 불에서 섞어 만든 소스로 고기에 곁들인다)처럼 붉은 고기에 곁들이는 소스로 레스토랑 메뉴에 나오지 않는지 의문이 든다. 소고기에 곁들일 수 있는, 쉽고 빠르고 내 마음에 쏙 드는 레시피다.

만드는 방법

스웨덴 방식으로 구운 감자

감자를 씻은 뒤 2mm 굵기로 슬라이스를 하되 끝까지 자르지 않는다.(감자의 몸체가 분리되지 않게 한다.) 칼날이 끝까지 들어가지 않도록 젓가락을 놓고 자르면 편하다.

소량의 올리브유를 바르고 소금과 후추로 간을 한다. 접시에 담아 180℃ 오븐에서 40~50분간 굽는다. 감자의 크기에 따라 익는 속도가 다를 수 있으므로 막판에는 구워진 정도를 계속해서 확인한다.

커피크림을 넣은 샬롯 소스

냄비에 크림과 통원두를 넣는다. 약한 불에 끓이고 소금을 크게 한 꼬집, 통후추 그라인더를 5회 돌려 넣는다. 15분 정도 졸이고 불을 끈다. 15분간 더 우려낸다.

그동안 샬롯 5개를 얇게 저며 작은 냄비에 50g의 버터와 함께 넣고 약한 불에 올린다. 흑설탕 2작은술을 넣고 캐러멜화될 때까지 저어 준다(약 10분간).

샬롯이 든 냄비에 체를 받치고 통원두가 걸러질 수 있도록 하여 커피크림을 붓는다. 저어 준다. 음식을 내기 직전까지 약한 불에 데운다.

셰프의 팁

소스가 너무 되직하다면 물을 약간 넣어 희석한다. 반대로 소스가 너무 묽다면 버터와 밀가루를 섞은 것을 넣어 되직하게 만든다.

스테이크

뜨겁게 달군 팬에 약간의 해바라기씨유와 버터를 넣고 소고기 조각을 올려 모든 면을 노랗게 익힌다. 소금과 후추로 간을 한다.

베트남식
아이스커피

진한 커피 2잔을 준비한다. 얼음을 충분히 넣고 연유를 첨가한다(입맛에 따라 1~3큰술). 달콤하고 시원하고 영양이 풍부해 여름 간식으로 딱 맞다.

민트
콜드브루

소요시간
3분
6시간 냉각
필요한 장비
8잔용 프렌치 프레스
재료(1L 기준)
굵은 분쇄도로 간 커피 60g
신선한 민트 잎 20장

우리는 종종 갈증을 해소하기 위해 아이스 티를 찾곤 한다. 혹시 아이스커피는 시도해 보았는가? 민트를 첨가한 아이스커피는 상쾌함이 배가되지만, 커피 맛은 그대로다. 프렌치 프레스를 이용해 만든 이 콜드브루는 시원한 갈증 해소 음료로 한여름 아침에 마시기에 아주 좋다. 놀랄 만큼 간단한 레시피로 멋진 결과물을 만들어 보자. 프렌치 프레스가 있다면 시도해 보지 않을 수 없다.

만드는 방법

커피 추출 기구에 커피를 넣고 찬물로 적신 뒤 섞어 준다. 민트 잎 20장을 크게 잘라 커피에 첨가한다. 찬물 1L를 주둥이 아래까지 넣는다.

내용물을 섞는다.

플런저는 누르지 않은 상태로 뚜껑을 덮어 냉장고에 6시간 넣어 둔다.

이따금 내용물을 저어 준다(1~2회면 충분하다).

냉장고에서 꺼내 플런저를 누른다.

이 음료는 냉장 보관하면 3일간 그 상태 그대로 마실 수 있다.

커피 크럼블과 작은 새우를 곁들인 아보카도 베린

친구들을 놀라게 할 만한 참신한 스타터로 제격이다. 커피 크럼블과 검증된 콤비 새우-과카몰레 조합은 아주 놀랄 만해 이 베린은 성공을 거둘 수밖에 없다. 부드럽고 연하고 바삭한, 여러 가지 맛과 텍스처가 한데 섞여 어우러진 베린이다.

소요시간

20분

필요한 장비

작은 유리컵 4개

재료(4인 기준)

아보카도 4개

레몬 2개

적양파 반개

스위트 칠리소스 2작은술

진분홍 새우 200g

올리브유

마늘 한 쪽

밀가루 50g

분쇄된 커피 3작은술

가염버터 30g

데커레이션을 위한 딜 잎사귀

만드는 방법

과카몰레
포크로 아보카도를 으깬다. 레몬즙과 소금 한 꼬집을 넣고 통후추 그라인더를 2바퀴 돌려 넣는다. 양파를 얇게 저며 첨가한다. 스위트 칠리소스를 넣는다. 찬 곳에 둔다.

새우
올리브유를 두르고 다진 마늘을 넣은 팬에 살짝 튀긴다. 소금과 후추로 간을 한다. 그대로 두었다가 찬 곳에 넣어 둔다.

커피 크럼블
밀가루와 커피, 약간 무른 버터를 손가락 끝으로 섞는다. 모래 질감의 혼합물처럼 만들면 된다. 접시 바닥에 고르게 올린다. 180℃로 예열한 오븐에서 약 12분가량 굽는다. 10분 이상 그대로 둔다.

플레이팅
과카몰레를 4개의 작은 유리잔에 나누어 담는다. 크럼블을 올리고 새우를 올린다. 딜 잎사귀로 장식한다.

커피 초콜릿
아이스 뷔슈

소요시간
15분
4시간 냉동

재료(4인 기준)
실리콘 케이크 틀(또는 유산지를 깐 일반 케이크 틀)
커피 추출 기구(에스프레소 머신 또는 모카포트가 가장 좋음)
절구 공이

재료(8인 기준)
제과용 다크초콜릿 200g
버터 125g
농축 커피액 10g
굽거나 설탕에 졸인 헤이즐넛 또는 모닝사의 헤이즐넛 향 시럽 또는 흑설탕 4큰술
버터 125g
레이디 핑거쿠키 8~10개(케이크 틀의 크기에 따라)
통원두 100g(살짝만 로스팅한 커피가 좋음)

세상에서 가장 만들기 쉬운 초콜릿 케이크를 커피로 재해석하는 방법!

이 레시피는 우선 일반적인 퐁당 오 쇼콜라Fondant au chocolat(따뜻하고 폭신한 케이크를 가르면 안에서 진한 초콜릿이 녹아 내린다)로부터 출발했다(약 15년간 이 레시피를 다듬어 왔다). 퐁당 오 쇼콜라의 문제점은 녹은 초콜릿이 고정된 상태로 제자리에 있지 못하다 보니 가장 맛있는 부분이 항상 중앙에만 위치한다는 것이다. 이 뷔슈의 주요 컨셉은 겉껍데기만 굽고 케이크의 90퍼센트는 생초콜릿 그대로 두어 최대한의 즐거움을 살리는 것이다. 흐르는 초콜릿을 얼리면 잘 고정될 뿐만 아니라 빻은 통원두의 맛을 더욱 살린다. 폭신함과 시원함과 바삭함의 세 박자가 훌륭하게 어우러진다.

만드는 방법

시작에 앞서 미리 조언하자면 먹기 전날 만드는 편이 좋다.

오븐을 200℃로 예열한다.

초콜릿과 버터, 물 5cl를 전자레인지에서 중탕으로 만든다.

계란과 원하는 시럽을 넣고 균일한 질감이 나오도록 섞는다.

내용물을 실리콘 케이크 틀 또는 양쪽이 튀어나오게끔 유산지를 깐 일반 케이크 틀에 붓는다.

12분간 굽는다. 겉껍데기 부분은 모양이 잡히더라도 케이크 내부는 액체 상태여야 한다.

최소 1시간 이상 식혀 준다.

진한 커피를 20cl 만들고 오목한 접시에 붓는다. 레이디핑거 쿠키를 양쪽 모두 1초씩 커피에 적신다. 케이크 틀 위쪽에 적신 레이디핑거 쿠키를 다닥다닥 붙여 올린다. 쿠키의 볼록한 면을 케이크 쪽에 붙여야 한다.

4시간 동안 냉동실에 넣어 둔다.

케이크를 내가기 최소 30분 전에 틀에서 꺼낸다.

커피 원두를 굵직하게 부숴서 케이크 위와 주변에 뿌린다. 원두가 케이크나 냉장고의 습기를 머금어 부드러워져서 당일에 먹는 것이 더 맛있다.

모든 것은 디테일에 달려 있다!

절구로 통원두를 부수면 케이크에 바삭함을 더해줘 더욱 풍부한 질감을 느낄 수 있다. 무엇보다도 음식에 풍미가 더해진다.

오렌지
시나몬 에스프레소

레시피 2분

계핏가루 한 꼬집과 오렌지 제스트(되도록 유기농으로)를 선호하는 커피 위에 뿌려 준다.

마르키즈
모카

우리 매장의 주력 레시피다. 모카를 재해석한 이 음료는 커피와 디저트 사이 어느 지점에 있다. 말 그대로 대식가 커피다! 놀랄 만큼 만들기 간단해 실패할 수가 없다. 맛있는 만큼 시각적으로 아름답기까지 하다.

소요시간
10분

필요한 장비
무엇이든 커피를 만들 수 있는 기구
휘핑기 또는 전기 휘핑기
투명한 유리잔

재료(2인 기준)
강판에 간 코코넛 40g
버터 한 조각
흑설탕 1큰술
오렌지 블라썸 워터 2큰술
지방분 무 제거 액체 크림 20cl
바닐라 시럽 2큰술
다크초콜릿 4조각
우유 20cl
커피 28g(5cl 4잔을 만드는 경우)

만드는 방법

오렌지 블라썸 워터로 캐러멜화한 구운 코코넛

중간 불로 달군 프라이팬에 버터 한 조각과 흑설탕 1큰술을 넣고 코코넛을 넣어 노랗게 익힌다. 나무 주걱으로 쉬지 않고 저어 코코넛에 색깔을 입히되 절대로 태워서는 안 된다. 갈색빛이 돌기 시작하면 오렌지 블라썸 워터를 넣는다. 수분이 완전히 증발하면 불에서 내려 잠시 그대로 둔다.

휘핑크림

액체 크림과 바닐라 시럽을 휘핑기에 넣고 가스를 끼운다. 물론 전기 휘핑기로 생크림을 만드는 것도 가능하다.

초콜릿 소스

초콜릿 조각에 물을 약간 넣고 전자레인지를 이용해 중탕으로 녹여 디저트 크림처럼 진한 소스를 만든다.

커피

유리잔 하나당 커피 2잔(또는 인당 에스프레소 2잔)을 원하는 커피 추출 기구로 준비한다.

우유

냄비에 넣고 약한 불에서 데우거나 전자레인지 또는 스팀 노즐로 데운다.

플레이팅

받침이 달린 큰 유리잔 중앙에 초콜릿을 붓는다. 따뜻한 우유를 반절까지 채우고 천천히 커피를 붓는다.

휘핑크림을 얹는다.

내가기 직전에 코코넛을 잘게 부수어 토핑으로 올린다.

팁

휘핑크림을 전기 휘핑기로 만들었다면 짤주머니를 사용하면 된다. 휘핑기든 짤주머니든 휘핑을 예쁘게 올리는 비법은 유리잔 내벽에 붙여 휘핑을 돌려 짜는 것이다. 휘핑으로 장식을 하려면 원형을 그리면서 살살 짜주면 된다.

수많은 단층식 레시피

이번에는 여러분이 에스프레소 머신으로 창의력을 발휘해서 자신만의 레시피를 고안해 보았으면 한다. 가장 가벼운 것부터 가장 밀도감 있는 것(무스, 커피, 우유)으로 이어지는 단층 순서만 잘 지킨다면 시각적으로 아주 멋진 성공을 거두게 될 것이다. 훌륭한 결과물을 얻으려면 투명한 잔을 사용하자! 필요한 것은 우유 거품을 위한 스팀 노즐이 장착된 에스프레소 머신과 스팀 피처, 그리고 몇 가지 재료가 전부다.

원칙: 네 가지 요소를 자신이 원하는 대로 조합하기

에스프레소	우유 거품	향 첨가 시럽	토핑
주로 진한 숏 커피로	반 탈지유	모닌사의 시럽은 맛과 다양성에 있어서 천하제일이다.	가벼운 것이라면 뭐든지 가능하다.

어떻게 만들까?

스팀 노즐에 우유를 데운다. 최대한의 마이크로 버블micro bubble(육안으로는 거품인지 크림인지 구분이 안 될 정도로 미세한 거품)을 만들려면 충분한 시간이 필요한데, 그러기 위해서는 아주 차가운 우유를 사용해야 한다. 노즐을 살짝만 잠기게 해서 우유를 스팀한다. 꽤 날카로운 흡입음이 들려야 한다. 거품이 나면 점차 피처의 높이를 낮춰 계속해서 흡입음을 들을 수 있도록 한다. 큰 거품이 나거나 우유가 튀어 오르지 않도록 해야 하는데, 만약 이런 현상이 나타나는 상태라면 스팀을 멈추라는 신호로 이해하면 된다. 작업대에 피처를 탕탕 쳐서 너무 큰 거품은 없애버린다. 잔에 1회 분량의 시럽(최대 2cl)을 붓는다.

우유와 우유 거품(카푸치노라면 무스를 더 많이, 마키아토라면 우유를 더 적게, 라떼라면 무스를 더 적게, 85쪽 에스프레소 머신 레시피 참조)을 넣는다.

에스프레소를 내리면 3~4개 층이 생길 것이다. 테이블스푼을 사용하면 커피의 낙하속도를 완화해 층을 잘 만들 수 있다. 이렇게 하면 커피가 너무 빠르게 또 너무 깊이 들어가서 다른 층과 섞이는 것을 막을 수 있다.

토핑을 추가한다. 토핑이 무거울수록 더 많은 거품이 필요하니 주의할 것. 거품은 밀도가 높아야 한다. 그렇지 않으면 토핑은 유리잔 밑바닥에 깔리게 될 것이다.

내 마음에 쏙 든 시럽	성공을 부르는 토핑
구운 헤이즐넛	카카오 가루
통카 빈	시나몬 가루
스페큘러스	시트러스 제스트
코코넛	휘핑크림
진저브레드	잘게 부순 비스킷
바닐라	팝콘
캐러멜	초콜릿 또는 캐러멜 시럽
아몬드	강판에 간 코코넛

성드린 슈바이처Sandrine Schweitzer 인스타그램: @sandrine_lmp5
블로그 및 인스타그램 파티셰
특이사항: TV 방영 프로그램 "2016 최고의 파티셰Le Meilleur Pâtisseier 파이널리스트

패션프루트 통카 오페라

아름답고 맛있고 만들기도 쉽다. 대신 시간이 좀 걸리고 특수한 조리기구가 필요한 레시피다. 수고로움 없이 "최고의 파티셰Le Meilleur Pâtissier(2012년부터 프랑스 M6, RTL 등의 텔레비전 채널에서 방영하는 요리 경연 프로그램)" 파이널 리스트가 될 수는 없지 않은가! 여러분이 집에서도 이 레시피로 요리해 볼 수 있도록 성드린이 레시피를 좀 다듬었다. 커피와 패션프루트와 통카의 조합은 섬세하고 달콤하고 쾌청하다. 플레이팅한 모습은 아름다움의 극치일 따름이다.

소요시간

10분

필요한 장비

자동 반죽기 또는 휘핑기

지름 4cm의 둥근 모양 찍기 틀

실리콘 판 2개

실리코마트Silikomart 하트 몰드

투명비닐

재료(4인 기준)

휘핑크림 100g

노란색 색소 한 방울

패션프루트 향료 1방울

지방 무 제거 우유 250g

70퍼센트 다크초콜릿 260g

버터 450g

계란 흰자 165g+계란 전체 250g+계란 노른자 140g, 즉 계란 크기에 따라 총 18개 내외

가루 설탕 240g

아몬드 페이스트 250g

통카 빈 1알

밀가루 110g

아주 진한 커피 1잔(머그잔 1잔, 약 30cl)

패션프루트 2개

바닐라 1쪽

로스팅한 통원두 60g

데커레이션을 위한 식용 꽃

패션프루트 휘핑크림

휘핑크림 100g

노란색 색소 1방울

패션프루트 향료 1방울

휘핑크림과 색소, 향료를 한데 넣어 거품을 낸 뒤 하트모양 몰드에 넣고 냉동실에 넣는다.

초콜릿 가나쉬

지방 무 제거 우유 100g

70퍼센트 다크초콜릿 160g

버터 50g

우유를 끓인 뒤 초콜릿 위에 붓고 초콜릿이 녹을 때까지 잠시 기다렸다가 잘 저어 준다. 10분 동안 기다린 뒤 버터를 넣고 다시 잘 섞어 준다. 비닐로 싸서 잠시 둔다.

통카 비스킷

계란 흰자 115g

가루 설탕 50g

계란(전체) 125g

계란 노른자 140g

아몬드 페이스트 250g

통카 빈 1알

밀가루 110g

아주 진한 커피 머그잔으로 1잔

패션프루트 2개

오븐을 180℃로 예열한다. 계란 흰자에 설탕을 넣어 거품을 낸다. 계란 전체와 계란 노른자를 섞어 준다. 반죽기로 아몬드 페이스트를 풀어 주고 계란 혼합물을 넣은 뒤 그 부피가 두 배가 되고 크림화될 때까지 10분 간 유화한다. 통카 빈을 강판에 갈아 넣어

준다. 반죽기를 멈추고 실리콘 주걱으로 거품 낸 흰자와 체에 친 밀가루를 혼합한다. 반죽을 실리콘 판 2개 위에 5mm 두께로 펼쳐 7~8분간 오븐에서 굽는다. 비스킷이 식으면 커피와 패션프루트에 듬뿍 적신다.

버터크림

지방 무 제거 우유 15cl
가루 설탕 190g(60g×3+10g)
바닐라 1쪽
로스팅한 커피 통원두 60g
계란 노른자 125g
버터 400g
계란 흰자 50g

우유와 설탕 60g과 바닐라를 데운다. 미리 빻아 둔 커피 통원두를 첨가하고 10분간 우려낸다. 계란 노른자를 설탕 60g과 함께 휘저은 뒤 미리 체에 걸러둔 바닐라 우유 위에 붓는다. 다시 불에 올리고 쉬지 않고 저어 농도가 진해지게 만든다(90℃). 불에서 내려 실온에 두고 유화시킨 버터를 혼합한다. 그대로 둔다.

물 25cl에 설탕 60g을 넣고 끓인다. 끓기 시작해 설탕이 녹으면 계란 흰자에 설탕 10g을 넣고 반죽기로 거품을 낸다. 설탕 시럽을 거품 낸 계란 흰자에 살살 붓고 5분간 휘젓는다.

만들어진 머랭을 옆에 두었던 버터크림과 섞는다.

플레이팅

70퍼센트 다크초콜릿 100g
지름 4cm의 둥근 모양 찍기 틀
데커레이션을 위한 식용 꽃

젖은 비스킷 위에 가나쉬를 올린다. 다른 비스킷으로 덮은 뒤 버터크림으로 덮어준다. 30분간 냉동실에 둔다. 둥근 모양의 찍기 틀을 이용하여 접시 위에서 원형을 그리며 조화롭게 배치한다. 초콜릿을 녹이고 투명비닐에 펼쳐 올린다. 초콜릿이 굳자마자 찍기 틀을 이용해 원 모양으로 찍어내고, 비스킷 원형 위에 올려 준다.
휘핑크림과 식용 꽃으로 장식한다.

카미유 라콤 Camille Lacome
미쉐린 스타를 받은 파리 유명 레스토랑의 부주방장
특이사항: 챙 달린 모자를 절대 벗지 않음.

커피즙을 곁들인
스튜 냄비
닭가슴살 요리

젊은 요리사 카미유 라콤의 레시피는 전통과 대담함을 한 자리에 모았다! 이 작품에서 카미유는 커피와 닭고기, 아스파라거스를 결합했다. 또 뼈째로 가금류를 익히면 커피 증기가 배어들게 하면서 과하게 익는 것은 막는다. 전대미문의 놀랍고 맛있는 요리다!

소요시간	재료(4인 기준)
1시간 30분	화이트 아스파라거스 2쪽
필요한 장비	올리브유
주철로 된 스튜 냄비	버터 60g
믹서기(필수는 아님)	한천 5g
스포이트 또는 짤주머니(필수는 아님)	판 젤라틴 1장
	블러드 오렌지 4개
	농가에서 풀어놓고 키운 닭 1마리
	당근 1개
	양파 1개
	셀러리 1대
	고수 반단
	마늘 3쪽
	바닐라 1쪽
	커피 통원두 100g
	화이트 와인 20cl
	헤이즐넛 4알
	헤이즐넛 오일(필수는 아님)
	자주 잎 옥살리스 12줄기

구운 화이트 아스파라거스

화이트 아스파라거스 4개

올리브유 1큰술

버터 40g

아스파라거스의 껍질을 벗기고 미리 소금 간을 해 둔 끓는 물에 익힌다.

칼로 익은 정도를 확인하는데, 부드러운 질감이어야 한다. 얼음을 띄운 물에 식힌 뒤 말린다.

프라이팬에 올리브유를 넣자마자 아스파라거스를 올리고 소금 간을 한다.

아스파라거스를 노릇하게 익힌 뒤 마지막으로 버터를 넣고, 녹은 버터를 아스파라거스에 뿌린다.

불에서 내린다.

아스파라거스 베일(필수는 아님)

아스파라거스즙 250g, 아스파라거스 7개 분량

한천 3g

판 젤라틴 1장

아스파라거스를 믹서기에 넣고 250g의 즙을 낸 뒤 나머지는 버린다.

아스파라거스즙을 냄비에 넣고 한천을 넣은 뒤 섞는다.

위 혼합물을 2분간 충분히 끓인 뒤 판 젤라틴을 넣고 섞는다.

1분간 익힌 뒤 체에 걸러 준다.

즉시 납작한 판에 부어 준 뒤 냉장고에 넣는다.

굳으면 네 변의 길이가 같은 사각형으로 잘라 준다.

블러드 오렌지 젤리

블러드 오렌지즙 200g, 오렌지 4개 분량

한천 2g

블러드 오렌지즙을 냄비에 넣고 한천을 넣는다.

끓인 뒤 체에 거른다. 통에 넣어 식혀 준다.

차게 식은 혼합물을 믹서로 갈아 준 뒤 체에 거른다.

스포이트나 짤주머니에 넣는다.

커피즙을 곁들인 커피 향이 나는 닭 요리

블러드 오렌지즙 200g, 오렌지 4개 분량
....
고명: 당근 1개, 양파 1개,
셀러리 1대, 고수 반 단, 마늘 3쪽
....
올리브유 1큰술
....
바닐라 1쪽
....
커피 통원두 100g
....
화이트 와인 20cl
....
버터 20g
....

닭 다리와 날개를 떼어낸다. 몸통 아래쪽 뼈를 드러내고 닭가슴살 부위는 흉곽에 그대로 둔다. 아래쪽 뼈 부분과 날개를 큰 조각으로 잘라 육즙을 내는 데 사용한다.

고명을 주사위 모양으로 잘게 썬다.

올리브유를 주철 스튜 냄비에 약간 붓는다. 중간 불에서 닭 다리를 앞뒤로 구워 주고 꺼낸다.

아래쪽 뼈 부분과 날개를 노릇하게 구워 준 뒤 체에 밭쳐 과도한 기름기를 제거한다.

고명과 바닐라를 넣는다.

뼈 부분을 넣고 뒤적인 뒤 꺼낸다.

같은 냄비에 3분간 통원두를 볶아 준다. 고명과 뼈 부분을 넣고 섞는다. 붙은 것들을 화이트 와인을 넣어 풀어 주고 반으로 졸여 준다. 닭 다리를 넣고 완전히 담근 다음 뚜껑을 덮고 약한 불에서 20분간 익힌다.

닭 다리가 다 익으면 꺼내고 흉곽 부위를 넣고 뚜껑을 덮은 뒤 10분간 익힌다. 다 익으면 꺼내서 잠시 둔다.

육즙을 채반에 거르고, 체에 다시 한번 거른다. 적당한 냄비에 넣고 반으로 졸여 준다. 저어 주면서 버터를 넣고 소스 그릇에 담는다.

내갈 때는 닭가슴살을 분리해 길쭉하게 반으로 자른 뒤 예비로 조금 남겨 둔다.

데커레이션

슬라이스 헤이즐넛
....

블러드 오렌지 속살
....

화이트 아스파라거스 부스러기
....

헤이즐넛 오일
....

자주 잎 옥살리스
....

강판이나 칼을 이용해 헤이즐넛 슬라이스를 4~6개 만든다. 1인분당 오렌지 한 조각을 자르고, 껍질을 벗긴 뒤 반으로 자른다.

생아스파라거스를 강판이나 필러를 이용해 1인분당 2개의 슬라이스를 만든다. 헤이즐넛 오일로 윤기를 내고 내기기 직전에 꽃소금으로 양념을 한다.

플레이팅

닭가슴살 반쪽을 접시 오른쪽에 올리고 구운 화이트 아스파라거스를 왼쪽에 올린다. 아스파라거스 하단부를 아스파라거스 슬라이스로 덮고 그 위에 헤이즐넛 슬라이스와 블러드 오렌지 속살을 올린다.

오렌지 퓌레로 몇 개의 점을 찍은 뒤 자주 잎 옥살리스 잎사귀 몇 개를 접시 곳곳에 올린다. 닭가슴살 위에 강판에 간 커피 원두를 올린다.

커피 캐러멜을 입힌
양파 페이스트리

샐러드와 커피 휘핑을 곁들여 스타터로 맛
볼 수 있는 요리. 커피에 절이고 커피 캐
러멜을 입힌 양파의 달고 짭짜름한 맛은
훈제 소시지 조각이나 라돈과 아주 훌륭하
게 어우러진다. 아, 맛있어라!

소요시간

45분

필요한 장비

무엇이든 커피를 만들 수 있는 기구

휘핑기 또는 전기 휘핑기

재료(4인 기준)

양파 4개

휘핑기

올리브유 2큰술

매우 진한 커피 3잔 및 휘핑크림에 사용할 10ml

버터 40g

흑설탕 2큰술

훈제 소시지 4조각 또는 훈제 라돈lardon(작은
조각으로 된 돼지고기 비계살)

신선한 타임

지방 무 제거 액체 크림 20cl

데커레이션을 위한 캐슈넛 50g과 타임

만드는 방법

양파 조림

양파를 세로로 2등분으로 나누고 얇게 썬다. 중간 불에 올리브유를 넣고 노릇해질 때까지 살짝 볶는다. 커피의 반을 넣고 졸인다. 양파가 물러지면 버터와 설탕을 넣고 캐러멜화한다. 남은 커피를 넣어 붙은 것까지 모두 풀어 섞고 졸인다.

페이스트리

오븐을 180℃로 예열한다.

훈제 소시지를 둥글게 썰어 4장의 슬라이스를 만들고 기름을 두르지 않은 프라이팬에서 노릇하게 굽는다. 너무 바싹 구워지지 않게만 할 수 있다면 훈제 소시지 대신에 훈제 라돈을 사용하는 것도 가능하다.

페이스트리 반죽을 변의 길이가 15cm인 정사각형으로 자른다. 유산지나 베이킹 판 위에 올린다.

사각형의 페이스트리 반죽 중앙에 양파를 올리고 그 위에 소시지를 올려 채운다. 네 모서리를 가운데로 접고 오븐에서 12분간 굽는다.

커피 휘핑크림

휘핑기에 지방 무 제거 크림과 커피를 붓는다. 가스 캡슐을 끼우고 시원한 곳에 둔다. 또는 아주 차가운 지방분 무 제거 크림과 커피를 전기 휘핑기에 넣고 휘핑크림 같은 점도가 될 때까지 거품을 낸다.

요리를 내기 직전에 작은 그릇에 커피 휘핑크림을 담는다. 한입 먹을 때마다 크림에 찍어서 먹는다.

플레이팅

캐슈넛을 으깨 타임과 함께 페이스트리 위에 뿌린다. 샐러드, 방울토마토와 함께 내보낸다.

카다멈
레몬 에스프레소

자극적이고 강렬한 에스프레소를 체험해 보자! 분쇄한 카다멈 한꼬집과 레몬즙 2작은술을 커피잔에 넣고 마지막으로 아주 진한 커피를 추출하면 된다. 숟가락으로 저어주면 준비 완료! 이보다 더 간단할 수는 없다.

아몬드와 커피 그리고 붉은 과일로 만든 100퍼센트 비건 베린

커피와 붉은 과일의 조합을 찬양하게 될 만한, 대식가를 위한 작품이다. 이 레시피는 100퍼센트 비건이며 글루텐프리인 데다가, 칼로리도 매우 낮아 죄책감을 느낄 필요도 없다.

소요시간

20분

필요한 장비(조리기구)

전기 휘핑기

짤주머니

작은 유리컵 3개

재료(3인 기준)

진한 아몬드유 50cl

분쇄한 커피 8g, 즉 가득 담은 3작은술(여기에서는 꽃 향과 과일 향이 나는 에티오피아 커피를 사용했다.)

옥수숫가루 20g

사탕수수 원당 40g

비터 아몬드오일 몇 방울(필수는 아님)

신선한 붉은 과일: 라즈베리, 블랙커런트, 블루베리, 레드커런트 등(또는 냉동으로 판매하는 모듬 과일팩)

셀린 자리|Céline Jarry **인스타그램: @cejarry**
장래가 유망한 파티세이자 인스타그래머

만드는 방법

냄비에 아몬드유를 담고 가열한 뒤 불에서 내리고 분쇄한 커피를 넣는다. 뚜껑을 덮고 10분 간 우려낸다. 체에 걸러 커피 찌꺼기를 최대한 걸러내고 다시 가열한다.

찬 곳에서 약간의 식물성 우유를 옥수숫가루와 섞는다. 섞은 것을 냄비에 넣어 주고 설탕과 비터 아몬드 추출물을 넣고 되직해질 때까지 섞어 준다. 불을 끈다.

작은 유리잔에 아몬드 크림을 채워 넣는다. 찬 곳에 두었다가 내가기 전에 그 위에 붉은 과 일을 올린다. 붉은 과일을 갈아서 과일 퓌레를 먼저 올리고 그 위에 과일을 올려도 좋다.

팁

얇게 썬 아몬드 슬라이스나 캐러멜을 입힌 아몬드를 살짝 뿌려 씹히는 맛을 주고 더욱 대 식가적인 면모를 갖추는 것도 좋다!

아가트 리슈 Agathe Richou
2성급 파리 레스토랑의 파티셰
특이사항: 디테일과 완벽을 추구하는 날카로운 감각

새로운 형태의
레몬 커피 프랄린 타르트

둥근 모양의 커피 맛 크렘 앙글레이즈와 활력 넘치는 레몬 젤리의 조합은 환상의 짝꿍이다.
아주 달콤하고 기분을 북돋아 주는 디저트다. 커피 머신이 필요하진 않지만, 커피를 우
려내려면 하루 전에 준비를 시작해야 한다.

소요시간

1시간 30분

필요한 장비

핸드 블렌더

차 거름망

이쑤시개

온도계

짤주머니 3개

작은 크기의 둥근 모양 찍기 틀(직경 약 4cm)

짤주머니 깍지 1개(필수는 아님)

직경 3.2cm의 구형 또는 반구형 실리콘 몰드

재료(4인 기준)

반 탈지우유 325g

지방분 30퍼센트 함유 크림 125g

커피 통원두 115g

계란 4~5개

설탕 210g

슈가 파우더 50g

버터 140g

레몬 3개

헤이즐넛 가루 15g

꽃소금 한 꼬집

밀가루 125g

껍질을 깐 헤이즐넛 75g

한천 3g

다크초콜릿 150g

헤이즐넛 오일 50g

옥수숫가루 15g

판 젤라틴 1장

만드는 방법

커피 맛 크렘 앙글레이즈

반 탈지 우유 125g

지방분 30퍼센트 함유 크림 125g

커피 통원두 50g

계란 노른자 50g(계란 약 3개분)

설탕 25g

하루 전날 우유와 크림을 빻은 커피 통원두와 함께 냄비에 넣고 가열한다. 펄펄 끓인 뒤 위생비닐을 붙인 작은 용기에 담는다. 그 상태로 찬 곳에 두어 커피를 계속해서 우려낸다.

다음날 계란 노른자에 설탕을 넣고 크림화한다. 차 거름망에 커피를 우려낸 우유를 걸러내고 무게를 잰다. 액체가 250g이 될 때까지 크림을 섞어 준다. 데운다. 따뜻해진 액체를 크림화한 노른자에 부어 주고 혼합물이 83℃가 될 때까지 섞어 준다. 오목한 샐러드 접시에 넣어 주고 매끄러운 질감이 되도록 블렌더로 갈아 준다. 미지근한 혼합물을 짤주머니에 담아 반구형 또는 구형 몰드에 짠다. 냉동실에 넣어 둔다.

크리미한 커피

커피 통원두 50g

반 탈지유 250g

계란 노른자 25g

설탕 35g

옥수숫가루 15g

판 젤라틴 1장

버터 65g

빻은 커피를 우유에 넣고 끓인 뒤 뚜껑을 덮은 채로 15분간 우린다.

필터에 걸러 175g의 우유를 만든다(그보다 적으면 우유를 더 넣는다).

계란 노른자에 설탕을 넣어 크림화하고 옥수숫가루를 넣어 준다. 판 젤라틴을 아주 차가운 물에 넣어 불려 준다. 우유를 크림화한 계란과 옥수숫가루 혼합물에 붓고 잘 섞은 뒤 냄비에 넣고 쉬지 않고 거품기로 저어 주며 끓여 준다.

끓기 시작하면 1분간 더 섞어 주고 불에서 내린 뒤 물기를 짜낸 젤라틴을 넣어 준다. 미지근한 크림과 버터를 넣고 블렌더로 혼합한다. 찬 곳에 둔다.

캐러멜을 입힌 헤이즐넛

껍질을 깐 헤이즐넛 75g
....
설탕 50g
....

헤이즐넛을 175℃ 오븐에서 볶아 준다. 약간 노릇해지면 오븐에서 꺼낸다. 냄비에 설탕을 넣고 물 없이 녹여 캐러멜화한다. 밝은 갈색빛이 되면 헤이즐넛을 넣어 주고 매트나 유산지를 깔고 납작하게 부은 뒤 식힌다. 캐러멜을 입힌 헤이즐넛을 절반 또는 여러 조각으로 자른다.

사블레

버터 75g
....
− 슈가 파우더 50g
....
− 레몬 극소량
....
− 계란 반 개
....
− 밀가루 125g
....
− 헤이즐넛 가루 15g
....

전기 휘핑기를 이용하거나 손을 이용해 버터와 슈가 파우더, 꽃소금과 극소량의 레몬을 섞어 준다. 계란 반개를 넣은 뒤 밀가루와 헤이즐넛 가루를 넣는다. 공 모양의 반죽을 만들어 10~15분간 찬 곳에서 휴지시킨다. 유산지 사이에 2~3mm 두께로 넓게 펼치고 냉동실에 5~10분 넣어 둔다. 찍기 모양 틀로 12개의 동그라미를 찍고 175℃ 오븐에서 8분간 굽는다.

커피시럽

설탕 80g
....
둥글게 썬 레몬 반 개
....
커피 통원두 15g
....

냄비에 모든 재료와 물 150g을 넣고 포화상태로 끓인 뒤, 찬 곳에 둔다.

레몬 젤리

커피시럽 100g
....
레몬즙 100g
....
한천 3g
....
설탕 30g
....

냄비에 커피시럽과 레몬즙을 넣고 데운 뒤 미리 섞어 둔 한천과 설탕을 조금씩 떨어뜨린다. 끓인 뒤 통에 담아 찬 곳에 둔다.

차갑게 젤화된 혼합물을 젤리 같은 점도가 될 때까지 블렌더로 갈아 준다.

짤주머니에 넣는다.

초콜릿 아이싱

초콜릿 150g
....
헤이즐넛 오일 50g
....

중탕으로 초콜릿을 녹이고 헤이즐넛 오일과 섞어 준다. 40~50℃에서 보관한다.

커피 볼

반구형 몰드를 사용한다면 몰드에서 두 개의 반구를 빼서 서로 붙인다. 이쑤시개로 커피 볼을 찍어서 초콜릿 아이싱에 균등하게 담근다. 초콜릿이 굳으면 조심스럽게 이쑤시개를 빼낸다.

찬 곳에 10분간 둔다.

플레이팅

사블레 세 개를 그릇에 펼치고 그 위에 커피 볼을 올린다. 짤주머니로 크림을 동그랗게 짜서 점 찍어주고 레몬 젤리도 마찬가지로 올린다. 마지막으로 캐러멜을 입힌 헤이즐넛을 올리고 15분 이내에 음식이 나간다.

04

커피가 되기까지의 그 모든 과정

커피를 마신다는 것은 그리 대수롭지 않은 일처럼 느껴진다. 이 커피라는 음료의 생산과 가공에 얽힌 비밀을 모른다면 말이다! 커피의 역사는 인류의 역사에 비하면 그리 오래되지 않았는데 오늘날 명실상부한 필수 음료가 되기까지 여러 나라와 수 세기를 거쳤다. 이번 장에서는 커피의 역사, 그리고 이 커피를 수확하고 가공하는 방식에 대해 간단히 확인해 보려 한다. 커피나무에서 시작해 로스팅 과정을 거쳐 커피잔에 담긴 커피가 되기까지 커피가 겪어 내는 그 모든 과정에 대해 알아보자.

놀라운 **커피** 발견의 **역사**

커피 발견에 관한 이야기는 대중의 관심을 집중시키거나 카운터에서 대화를 시작할 때 써먹기 좋은 소재다. 대체 어떻게 커피나무 열매를 커피로 만들어 마실 생각을 하게 된 걸까? 신께서 하신 일인가? 자연 속에서 생긴 우연인가? 인간의 실수에서 나온 일인가? 이 세 가지가 모두 맞다.

옛날 옛적에, 13세기 아비시니아(현 에티오피아)에서 칼디Kaldi라 불리는 목동이 염소 떼를 돌보고 있었다. 칼디는 어느 날 염소들이 극도로 흥분한 상태라는 사실을 발견했다. 평소와는 전혀 다른 흥분상태로 이른 새벽까지 산속에서 뛰어놀고 있던 것이다. 칼디는 상황 파악을 위해 조사를 하다가 염소들이 붉은 열매를 먹었다는 사실을 알게 됐다. 염소가 걱정되는 마음에 그는 이 사실을 마을 수도자들에게 알렸다. 그들은 "불경스럽도다, 이건 악마가 한 짓이다!"라고 외치며 열매를 불에 던졌다. 그리고 몇 분이 지나자 감미롭고 황홀한 향내가 후각을 자극했다. 어리둥절해진 이들은 이 신비한 과일을 끓여서 맛보기로 했다. 처음 맡아보는 향기가 난다는 사실 외에도 이 음료를 마시면 더욱 오랫동안 명상을 할 수 있고, 집중력이 향상된다는 사실을 곧 알게 됐다. 이 열매 속 작은 씨앗이 하게 될 기나긴 모험의 서막을 알리는 이야기다.

커피의 세계 정복

어떻게 수 세기에 걸쳐 커피 재배를 하게 된 걸까? 향신료나 실크 무역처럼 커피나무의 확산(커피나무가 자라기 좋은 기후의 나라에서의) 역시 문화교류나 무역뿐 아니라 인간의 모험과 식민지 개척 등 여러 다른 요인이 가져온 결과다. 그러므로 커피와 커피 재배의 역사는 꽤 복잡하고 사건 발생 시기가 명확하지 않은 경우도 많다. 이번 장에서는 수 세기 동안 여러 나라를 거치며 여행을 떠났던 커피나무(티피카종)의 영웅담을 간단히 알아보려 한다.

모든 것은 옛날 옛적에 커피의 발상지 에티오피아에서부터 시작된다.

① 커피나무는 역사적으로 에티오피아에서 유래했는데, 특히 카파 지방(에티오피아 서부)에서 야생 상태로 자랐다.

② 커피나무는 15세기 말에 예멘(당시에는 '행복한 아라비아'라고 불렸음) 쪽을 향해 첫 여행을 떠난 것으로 추정된다. 그곳에서 커피 재배와 무역이 발전한다.

③ 17세기 말 몇 개의 커피 열매가 인도에 다다른다. 예멘의 독점 생산 종식을 이끈 사건이다.

④ 몇 년이 지나 네덜란드의 동인도 회사가 귀한 모종을 자바섬 쪽으로 수출하는데 아마도 인도에서 보낸 것으로 보인다.

⑤ 이렇게 인도네시아에서 커피 재배가 자리 잡았고 식민 지배를 하던 유럽은 그토록 갈망하던 부를 얻게 됐다.

⑥ 유럽으로 수입된 모종들은 이후 중앙아메리카, 남아메리카(수리남, 기아나, 브라질), 카리브지역(앤틸리스 제도, 성 도미니크, 아이티, 쿠바, 자메이카)

등지에서 커피 재배의 원천이 됐다. 즉 네덜란드나 영국, 프랑스 같은 국가의 식민지에서 커피나무의 씨가 뿌려진 것이다.

1730년경 영국인들이 커피를 자메이카에 들여왔는데 자메이카는 오늘날 세상에서 가장 비싼 커피인 블루마운틴이 자라는 곳이다.

프랑스인 가브리엘 드 클리외 (Gabriel de Clieu)가 앤틸리스 제도에 심을 목적으로 대장정을 거쳐 마르티니크로 두 그루의 커피 모종을 가져갔다.

⑦ 커피나무에 관한 가브리엘 드 클리외의 굉장한 영웅담

커피와 관련된 수많은 이야기와 전설 중에서 가브리엘 드 클리외의 이야기를 해 보려 한다. 이 노르망디 출신의 해군 장교는 앤틸리스 제도에서 처음으로 커피를 재배하기 시작한 사람이다.

그는 1720년경, 파리 식물원 소유의 커피 모종 두 그루를 마르티니로 가져가는 역할을 맡게 된다. 그가 항해 일지에 남긴 횡단 이야기는 정말 파란만장하다. 배는 해적에게 공격을 받았고 엄청난 폭풍이 몰아쳤으며 악의를 가진 어떤 선원은 모종을

파괴하려 하기도 했다. 마지막에는 식수가 부족해 제한된 양을 할당받았는데, 그는 매일 자기 몫의 식수를 커피나무에 썼다. 이 기적의 원정대는 성공을 거두었는데, 커피나무들이 살아남은 것이다. 가브리엘 드 클리외는 성공적으로 나무를 심고 키우고 번식시켰다! 몇 년 사이에 프랑스령 앤틸리스 제도 곳곳에서 커피를 재배하게 됐고 중앙아메리카와 남아메리카가 그 뒤를 이었다.

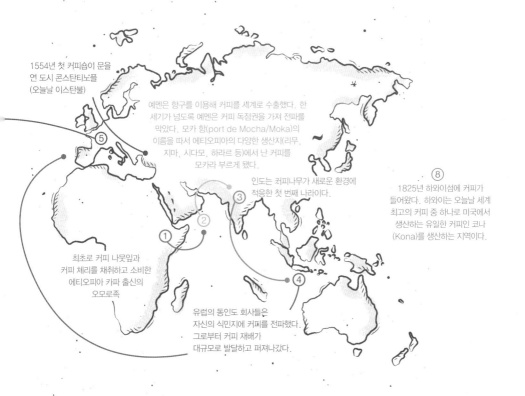

1554년 첫 커피숍이 문을 연 도시 콘스탄티노플 (오늘날 이스탄불)

⑤

예멘은 항구를 이용해 커피를 세계로 수출했다. 한 세기가 넘도록 예멘은 커피 독점권을 가져 전파를 막았다. 모카 항(port de Mocha/Moka)의 이름을 따서 에티오피아의 다양한 생산지(리무, 지마, 시다모, 하라르 등)에서 난 커피를 모카라 부르게 됐다.

인도는 커피나무가 새로운 환경에 적응한 첫 번째 나라이다.

③

② ①

④

⑧
1825년 하와이섬에 커피가 들어왔다. 하와이는 오늘날 세계 최고의 커피 중 하나로 미국에서 생산하는 유일한 커피인 코나 (Kona)를 생산하는 지역이다.

최초로 커피 나뭇잎과 커피 체리를 채취하고 소비한 에티오피아 카파 출신의 오로모족

유럽의 동인도 회사들은 자신의 식민지에 커피를 전파했다. 그로부터 커피 재배가 대규모로 발달하고 퍼져나갔다.

알아 두어야 할
두 가지 품종,
아라비카와 로부스타

이 두 가지 식용 커피나무 품종은 꼭두서니과Rubiaceae라는 같은 뿌리에 속한다. 아라비카는 세계에 가장 널리 퍼져 있는 품종이다. 에티오피아가 원산지이며 예멘에 황금기를 가져다주기도 했다.

커피에 관해 이야기할 때 "100퍼센트 아라비카"가 언급되는 걸 자주 듣게 된다. 아라비카의 동생뻘인데도 대중에게 그리 사랑받지 못하는 로부스타와는 아주 대조적인 일이다. 대체 이 두 품종에는 어떤 차이가 있는 걸까?

	아라비카	로부스타
명칭	아라비카라는 말은 아라비아반도의 이름에서 왔다. 사실 우리가 오늘날 커피를 음료로써 마시는 것과 같은 형태로 아라비카를 최초로 마시고 소비한 것은 예멘에서 일어난 일이었다.	로부스타는 나무의 견고함(robustesse)과 저항력(résistance)에서 그 이름을 따왔다.
재배	연약하고 까다로운 품종인 아라비카는 기후가 온화한 고지대(해발고도 800m 이상부터)에서만 자란다.	질병에 대한 저항력이 높고 키우는 데 제약이 적다. 로부스타는 강한 무더위 속에서도 해발고도 200m 이상만 되면 훨씬 쉽게 자란다. 생산비용이 훨씬 적다.
생산국	세계 전체 생산량의 2/3를 차지한다. 5대 생산국은 브라질, 콜롬비아, 멕시코, 에티오피아, 과테말라이다.	로부스타는 주로 서아프리카와 동남아시아에서 재배한다.
느껴지는 맛	세련되고 은은하다. 또 로스팅할 때 캐러멜화된 단맛과 산미가 풍부해 아주 다양한 아로마를 표현한다. 그랑 크뤼는 전부 아라비카다.	에스프레소를 내리면 멋진 크레마를 만들 수 있지만, 입안에서 느껴지는 섬세함이 덜하고 아로마가 약하다. 묵직한 바디감과 쓴맛이 특징이며 실질적으로 로부스타 자체로만 소비하는 경우는 없다. 커피에 바디감을 더하거나 원가 절감을 위해 섞는 용도로 주로 사용된다.
취향적인 측면	대부분의 나라에서 아라비카의 맛 품질을 선호한다. 다양한 아로마 차원에서 본다면 아라비카와 겨룰 수 있는 커피는 아무것도 없다.	바디감이 묵직한 커피를 좋아하는 사람이라면 로부스타를 좋아할 것이다. 또 커피에 설탕을 타서 먹는다면 꽤 매력적일 수도 있다. 이탈리아 사람들과 베트남 사람들이 이 커피를 특히 좋아한다!
건강적인 측면	카페인 함유량이 적다(2배 가까이 적음).	항산화 물질이 더 풍부하다.
경제적인 측면	아라비카는 1kg당 200유로까지 호가할 수 있다!	슈퍼마켓에서 최저가 상품으로 만나 볼 수 있다.

커피나무를 키워 커피를 포대 자루에 담을 때까지

당신의 커피잔에 담기기에 앞서 커피 한 봉지가 만들어지기까지 얼마나 무수한 단계를 거쳤는지 상상도 못 할 것이다. 커피나무 씨앗이 자라 열매를 맺고 그 열매의 과육을 벗겨 내고 로스팅하는 등 이 모든 과정을 거쳐야 하는 커피 생산은 인간과 자연이 협력을 통해 맺은 열매이다.

생두 구매업자이자 에스페란자 카페Esperanza Café의 설립자인 플로렁 구Florant Gout가 커피나무 열매가 로스터리로 가서 달달 볶아지기 전까지 거치는 모든 단계와 변형 과정에 관해 설명해 줄 것이다.

커피나무는 어떻게 자랄까?

⇨ 생두를 묘판에 심는다. 이 묘목을 그 상태로 12~18개월 둔다.

⇨ 이후 개간지에 옮겨 심는데 자라는 데 시간이 좀 걸린다. 최소한 3년은 기다려야 첫 개화가 시작되고 이 첫 개화는 나무가 열매를 맺기 전에 보내는 신호이다.

⇨ 커피 체리는 처음에 녹색 빛을 띠다가 붉게 변한다. 붉게 변했다는 것은 열매가 다 익었다는 뜻이다.
커피는 1년에 1~2회 수확하는데 이는 재배 국가와 기후에 따라 다르다.

- **저지대 재배:** 기계식 수확을 염두에 둔 방식이다. 셰이드 그로운 방식으로 재배할 수 없으나 대신 생산량이 많다.
- **영세농 재배:** 주로 가파른 곳에 있는 작은 규모의 경작지에서 영세농민이 경작하는 방식이다.
- **산림 재배:** 숲속에서 야생 상태로 자라고 있는 나무에서 손으로 커피를 재배한다.

여러 유형의 수확법

- **핸드피킹:** 가장 비용이 많이 드는 방법이지만 최상의 커피 품질을 보장하는 방법이기도 하다. 사람이 직접 나무에서 커피 체리를 채취하기 때문에 다 익은 열매만 딸 수 있다.
- **기계 수확:** 거대한 기계가 커피나무 경작지 구획을 지나다니며 지나가는 길에 있는 모든 열매를 다 따는 방식이다. 이 기술은 노동력을 거의 필요로 하지 않아 수익성이 뛰어나다. 수확 후 이루어지는 분류단계에서 커피 품질이 정해진다.
- **가축을 이용한 수확:** 훨씬 더 은밀한 방법이지만 믿을 수 없을 만큼 굉장한 방식이다. 이 기법은 잘 익은 커피 열매를 좋아하는 특정 동물들을 이용해 자연의 순리에 맡기는 형태로 이루어진다. 동물들이 커피 열매는 소화하지만, 그 씨앗(커피콩)은 소화하지 못하기 때문에 그들의 배설물에서 커피콩을 수거하는 것이다. 소화 효소가 이 커피콩을 발효시키면서 매우 매력적이고 세련된 맛이 나게 된다. 인도네시아의 사향고양이는 이런 방식으로 바닐라 향이 나는 코피 루왁을 생산한다. 또 브라질에는 야생 자쿠버드가 생산하는 자쿠버드 커피가 있다.

커피 재배,
무엇이 중요할까?

기후

프랑스의 해외 영토를 제외하면 기후가 적합하지 않은 프랑스 본국에서 커피를 재배하는 것은 불가능하다. 커피가 성장하고 질병에 맞서 싸우려면 열대기후 속 높은 고도에서 자라야 한다. 아라비카를 키우려면 고도가 최소 800m가 넘어야 하고 좀 더 저항력이 강한 로부스타는 200m에서부터 키울 수 있다.
커피가 생산되는 지역은 북회귀선과 남회귀선 사이에 있다.

커피 열매의 노출

커피나무가 큰 기온 차에 노출될수록 단맛이 강해진다. 따라서 비탈에서 자라 햇볕에 노출된 커피나무는 그늘에서 자라는 나무보다 더욱 달콤한 열매를 맺는데 낮과 밤사이에 생기는 일교차가 훨씬 크기 때문이다.
그러나 너무 많이 노출되면 커피 열매가 너무 빠르게 익어버리기 때문에, 너무 과도한 노출도 피해야 한다.

그늘의 역할

"좋은 커피를 찾으려면 잘생긴 바나나부터 찾아라." 1996년 커피 브랜드 자크 바브르 Jacque Vabre 광고에서 나온 말이다. 틀린 말이 아닌 것이 태양이 너무 강한 경우에는 그늘(바나나 나무나 다른 나무가 만들어 준)이 온화한 기후를 유지해 주어 커피나무를 햇볕과 비로부터 보호하기 때문이다. 그늘이 있으면 또 열매의 숙성 기간이 길어진다. 마지막으로 커피나무는 그늘 덕분에 유기물질을 생성하여 토양에 영양을 공급함으로써 커피에서 더욱 "달콤한" 맛이 나게 된다.

해발고도

고도가 높아질수록

- 재배 면적이 작아지고 가팔라진다. 재배와 수확에 더 많은 제한이 생겨 생산에 더 큰 비용이 필요하다.
- 커피나무가 질병으로부터 자신을 보호하기 위한 카페인이 덜 필요해져서 카페인을 더 적게 함유하게 된다.
- 나무가 병충해에 덜 노출되기 때문에 관리를 위한 비료나 살충제 같은 제품 사용이 줄어든다.
- 연약한 아라비카 품종을 유기농으로 재배하기 더 수월해진다.
- 커피콩의 밀도가 높아지고 산미가 발달해 아로마의 잠재력이 배가된다.
- 800m 높이에서부터 자라는 아라비카를 더 많이 재배하게 된다. 카페인이 적기 때문에 더 연약한 품종이다.

고도가 낮아질수록

- 토지는 더 평평해지고 넓어지며 대량생산이 더 수월해진다.
- 비료와 살충제로 나무를 관리해 주어야 할 필요성이 증가한다.
- 고품질의 유기농 상품으로 재배하는 것이 어려워진다. 저지대 유기농 커피의 경우 카티모르종을 주로 사용한다. 로부스타와의 교배를 통해 탄생한 이 품종은 저항력이 높지만, 맛이 덜 섬세하다.
- 로부스타를 더 많이 재배하게 된다. 로부스타는 200m 높이에서부터 자라기 시작하며 카페인이 풍부해 자신을 더 잘 보호한다.

커피 체리가 녹색 빛깔의
생원두가 되기까지

커피 체리를 따서 분류 작업까지 마치면 이제 외피에서 커피 원두를 분리해야 한다. 대규모 농장에서는 이 과정을 농장 차원에서 해결하지만, 영세농의 경우 대부분 협동조합에 커피 열매 가공을 위한 도움을 청한다. 커피 원두를 외피에서 분리하는 일은 쉬워 보이지만 전혀 그렇지 않다.

여러 방법이 있지만 이 책에서는 가장 흔한 두 가지 방법에 대해서만 다루려 한다.

습식법: 세척 방식(워시드 커피Washed Coffee)

이 방식을 택한다면 아주 빠르게 진행해야 한다. 수확한 당일에 커피 체리 가공을 시작해야 체리가 상하지 않는다.

① **목욕:** 일정한 온도를 유지할 수 있도록 물탱크에 체리를 넣어 커피콩이 발효하지 않도록 한다.

② **브러싱:** 물탱크 하단부에 있는 관에서 브러시를 이용해 물의 흐름과 반대 방향으로 커피 체리를 밀어낸다. 물이 흐르면서 미성숙한 커피콩은 더 가벼우므로 떨어져 나가고 점액질(커피콩을 감싸고 있는 끈끈한 얇은 막)은 제거된다.

③ **긴 휴식:** 커피콩은 2주간 건조대 위에서 수분을 잃어간다. 건조대는 통풍이 잘되게 해서 흘러내린 물 때문에 커피가 발효되지 않도록 한다.

④ **도시여행:** 커피콩이 마르면 큰 도시의 집산지로 이동해 각기 다른 부분으로 분류되며 일종의 샘플 형태로 구매자에게 배송된다. 하지만 아직 벗겨야 할 마지막 한 겹이 남아 있다. 바로 파치먼트(내과피)이다.

⑤ **마지막 몸치장:** 커피가 팔리면 일련의 기계를 사용하여 마지막 조정과정을 진행한다. 불순물을 제거하기 위한 송풍기와 파치먼트를 벗기기 위한 그라인더 그리고 커피콩을 크기별로 선별하기 위한 여과기를 거친다. 마지막으로 밀도 측정기의 최종적 선별을 통해 행운의 커피콩이 선별된다.

파치먼트
과육
점액질
커피콩
내피(실버스킨)

건식법: 자연 건조법(내추럴 커피Natural Coffee)

① **햇볕 건조:** 약 25일간 커피 열매를 햇볕에 말린다. 넓고 평평한 콘크리트 바닥이나 "아프리카식 침대" 위에 열매를 널어놓는다(작물을 엮어 만든 콘솔에 올려 열매가 아래위로 건조될 수 있도록 함). 커피 열매를 주기적으로 뒤집어 균일하게 건조될 수 있도록 한다.

② **긴 휴식:** 커피를 저장한 뒤 두 달의 휴지기를 갖는다.

③ **껍질 벗기기:** 특수 그라인더가 한 번에 껍질을 벗긴다. 완전히 건조된 커피 열매의 껍질은 제거되고 커피콩만 남는다.

이 과정은 더 간단해 보이지만 커피콩을 부패시킬지 모를 기후와 습도 등 주변 환경에 훨씬 더 큰 영향을 받는다. 따라서 건식법을 통해 좋은 커피를 얻는다는 것은 여간 힘든 일이 아닐 수 없다.

워시드 커피와 내추럴 커피의 차이점은?

생두 전문가 플로렁은 다음과 같이 설명한다. "워시드 커피와 내추럴 커피의 차이는 드라이한 화이트 와인과 스위트한 레드 와인의 차이와 같습니다. 워시드 커피는 더욱 섬세하고 꽃 향이 나면서 과일 향 노트도 같이 가집니다. 내추럴 커피는 더 달고 밀도가 높으며 매력적인 발효 향과 우디 향도 가지고 있습니다."

워시드 커피가 내추럴 커피보다 더 좋다는 이야기도 종종 들린다. 물론 건식법으로 커피 열매의 발효를 막기란 여간 까다로운 일이 아닌지라 맞는 말일 때가 많다. 열대기후와 악천후로 인해 커피 열매를 고르게 건조하는 것이 어렵다 보니 건조 중에 너무 발효되어서 맛없는 커피가 되어 버리는 경우가 꽤 있는 것이다. 하지만 건조 과정이 제대로만 이루어진다면 워시드 커피를 능가하는 커피를 얻을 수 있다.

자연을 정복한 커피 바이어 플로렁

© Coopérative Permata Gayo (Sumatra)

서구에서 온 커피 구매업자가 커피나무 산지에서 배낭을 짊어지고 최고의 크뤼(품질 높은 커피)를 찾으려 모험을 하는 엘 그링고el gringo(스페인계 라틴 아메리카에서 비(非)라틴계 외국인, 미국인, 앵글로색슨인 등의 의미로 부르는 말)의 이미지가 우리 머릿속에 박혀있다. 하지만 현실은 이런 전설과는 상당히 거리가 멀다. 플로렁은 농부들과의 협력을 통해 사양을 결정하기 때문이다. 플로렁은 이렇게 말했다. "현장에서 선별을 위해 샘플을 맛보는 경우는 거의 없습니다. 맛 감정은 대부분 현지의 맛 감별사와 함께 표준치를 정하기 위해 진행하며 그 과정을 통해 우리가 어떤 것을 찾고 어떤 것을 좋아하지 않는지를 그들이 이해하게 됩니다."

플로렁이 농장이나 협동조합을 방문해서 제일 먼저 하는 일은 농부들의 작업 방식이나 커피의 재배 조건을 평가하는 것이다. 플로렁은 "협동조합이나 농장을 처음 보러 가면 커피나무를 키워 커피를 포대 자루에 담을 때까지 그 집단의 모든 조직 구성과 투명성, 물류 유통체계 전반에 대해 이해하려 애씁니다. 저는 상품이 훼손되지 않도록 모든 과정이 제대로 수행되고 있는지 점검합니다. 예를 들어 농장과 가공센터가 너무 멀리 떨어져 있거나 커피 열매를 수확하기 위한 효과적인 시스템이 갖춰져 있지 않으면 바로 붉은 깃발을 올립니다. 제가 점검하는 또 다른 부분은 재배지의 그늘 상태, 고도, 시설의 상태와 위생 등입니다."라고 말했다.

플로렁이 물류 유통체계와 생산 조건의 발전성을 인정하면 그제야 커피를 맛본다. 그는 꼭 완벽한 커피를 찾는 것만은 아니다. "커피에 잠재력이 있다면 요구사항을 작성하고 농부들이 좋은 습관을 갖추도록 유도함으로써 더 좋은 결과물을 얻고 협동조합의 발전을 이끌 수 있습니다."

경매를 통한 대량 판매 형태의 현물구매를 진행하고 한 해간 필요한 생두를 바로 주문하는 다른 커피 구매업자들과는 달리 플로렁은 농장을 지원하는 접근 방식을 택한다. "지속 가능한 관계를 구축했으면 합니다. 제가 어떤 커피를 선택했다는 건 그 커피 생산자들과 2년 전부터 협력해 왔다는 의미입니다." 플로렁은 상품을 교환하는 게 전부인 상업적인 관계를 넘어 자신의 노하우를 전파한다. 원윈win-win인 셈이다!

플로렁 구는 생두 구매업자, 로스터이자 로스터리 기업 에스페란자 카페의 설립자이다.

로스팅은 어떻게 이루어지는 걸까?

로스팅은 커피에만 할 수 있는 게 아니다. 우리는 카카오도 헤이즐넛도 아몬드도 피스타치오도 모두 로스팅할 수 있다.

로스팅은 매우 특수한 가열 방식이다. 로스팅의 목적은 서서히 내부까지 완전히 익혀서 절대로 태우지는 않고 약간의 구운 맛을 내는 것이다!

굽기와 로스팅의 차이는 움직임에 있다. 바비큐 꼬치는 구울 수 있지만, 커피는 구울 수 없다. 커피콩은 아주 뜨거운 환경에서 모든 면이 고르게 익도록 뒤섞어 주어야 한다. 이탈리아나 에티오피아의 화덕에서 그러했듯 생두를 프라이팬에 볶는 것도 가능하지만, 버리지 않으려면 쉴 새 없이 저어야 한다. 커피콩의 겉과 속을 모두 똑같이 익히려면 인내심과 노하우가 필요하다.

그리하여 첫 번째 로스팅 기구는 이 움직임 원칙을 기준으로 발명됐다. 시장에는 열원(장작불)과 크랭크 핸들이 있는 원통 드럼과 원두를 갈아주는 로스터가 있었다.

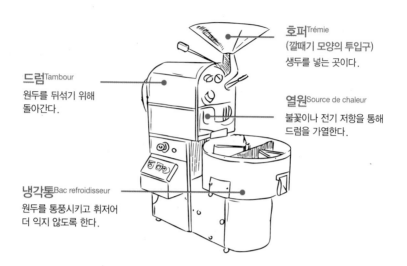

호퍼Trémie
(깔때기 모양의 투입구)
생두를 넣는 곳이다.

드럼Tambour
원두를 뒤섞기 위해
돌아간다.

열원Source de chaleur
불꽃이나 전기 저항을 통해
드럼을 가열한다.

냉각통Bac refroidisseur
원두를 통풍시키고 휘저어
더 익지 않도록 한다.

그로부터 로스터라고도 부르는 이 로스팅 기계는 크게 발전했다. 생산량을 늘릴 수 있게
되었고 무엇보다도 커피 원두의 로스팅 단계를 정밀하게 제어할 수 있게 됐다.

로스터가
하는 일

이 프로세스를 더 잘 이해하려면 3개의 축(드럼 내부온도, 가열 시간, 원두의 색깔)
으로 살펴볼 수 있는 가열곡선에 따른 로스팅 프로파일에 대해 알아야 한다.
조향사가 어떠한 향을 만들어 내기 위해 자신만의 향기들을 조합하는 것처럼 로스
터는 어떤 특정한 맛을 끌어내기 위해 커피 아로마의 잠재력에 따라 방향을 정한다.

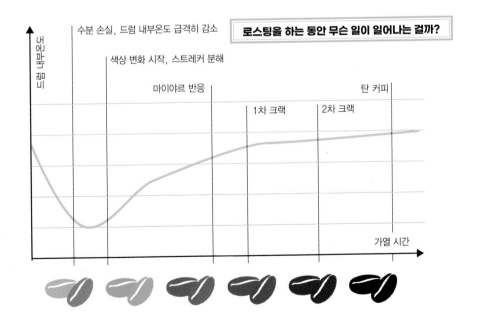

수분 손실, 드럼 내부온도 급격히 감소

로스팅을 하는 동안 무슨 일이 일어나는 걸까?

색상 변화 시작, 스트레커 분해

마이야르 반응

탄 커피

1차 크랙

2차 크랙

드럼 내부온도

가열 시간

로스팅 기계가 아주 뜨거운 상태일 때 초록빛 생두는 호퍼를 통해 드럼 안으로 떨어져 내리고 내부온도는 즉시 곤두박질친다. 이 첫 번째 단계에서 원두는 열기를 흡수하고 수분을 잃어버리기 시작한다. 커피 내부의 당분과 수분은 캐러멜화되고 커피콩은 색상 변화를 시작한다(스트레커 분해).

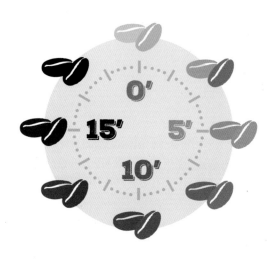

원두의 색상이 변화하는 순간 또 다른 변화가 일어난다. 바로 마이야르 반응이다. 우리가 "아로마의 전조"라 부르는 산 성분들이 서로 결합하여 그 커피만의 미묘함을 결정짓는 아로마 노트를 형성한다.

그다음에는 커피 원두가 터지면서 가볍게 탁탁 소리를 내기 시작한다. 로스터에게 아주 중요한 순간인 1차 크랙 과정이다. 원두는 부피가 처음 상태보다 두 배로 커질 때까지 이산화탄소를 방출한다. 이 현상은 옥수수 알갱이가 팝콘이 되는 것과 비슷하다.

2차 크랙은 커피를 태우고 아로마를 파괴하고 싶지 않다면 일반적으로 지양하는 과정이다. 이 마지막 단계에 다다르면 원두는 아주 짙은 색깔을 띤다. 과한 로스팅으로 묵직한 바디감과 강한 쓴맛을 가지게 되고 아로마는 완전히 사라진다. 이것이 우리가 다크 로스트Dark Roast 또는 프렌치 로스트French Roast라고 부르는 로스팅 스타일이다. 좋아할 수도 있고 그렇지 않을 수도 있다. 한 가지 확실한 것은 아주 아주 쓰다는 것이다.

로스팅 이후

냉각기에서 꺼낸 커피는 배럴(금속 대형 통)에 저장한다. 그 상태로 커피는 이산화탄소를 계속해서 방출하는데 이 현상을 우리는 디게싱degassing(가스 배출)이라 부른다. 이러한 상태의 커피는 소비하려면 아직 며칠을 더 기다려야 한다. 그 커피가 본연의 아로마를 모두 방출할 시간이 필요하기 때문이다. 다시 한번 강조하지만, 커피는 신선 제품이다. 날이 갈수록 그 맛은 달라질 수 있다.

=== 나라마다 선호하는 색상이 다르다! ===

나라마다 커피 소비자들의 입맛이 다르다. 예를 들어 북유럽에서는 과일 향과 아로마와 섬세함이 있는 약 로스팅을 선호한다. 남쪽에서는 더 강하게 로스팅해 바디감과 쓴맛이 있는 커피를 좋아한다. 프랑스에서는 여러 인접 국가의 영향을 크게 받아 대략 그 중간의 커피를 선호한다.

 약 로스팅(블론드 로스팅) : 스칸디나비아 국가

 중 로스팅(수도사복 로스팅) : 프랑스

 강 로스팅: 이탈리아, 스페인, 포르투갈

기억해 두어야 할 것

⇨ 커피 원두는 녹색에서 노란색이 되고 다시 갈색으로 변한다.

⇨ 녹색 빛을 띠는 생두가 로스팅 과정을 거치면 원래 무게의 12~18퍼센트 정도를 잃어버리고, 부피는 두 배로 증가한다.

⇨ 1차 크랙과 2차 크랙은 로스터에게 청각적 지표가 된다.

⇨ 로스팅 프로파일이란 우리가 커피에서 끌어낸 맛이다. 원두의 색깔과 가열곡선의 형태에 따라 달라지는 일종의 레시피다.

⇨ 로스터는 열의 세기와 공기의 흐름을 제어함으로써 자신의 가열곡선을 조절한다.

⇨ 로스팅을 할 때 로스터에게는 청각, 시각, 후각의 세 가지 감각이 필요하다.

⇨ 로스팅한 원두의 색상은 쓴맛과 산미, 아로마의 잠재력 표지가 된다.

로스팅을 해 보고 싶다면?

여행을 다녀오면서 생두를 가져오게 되는 일이 생길 수 있다. 옛날 방식으로 직접 로스팅을 해 보는 것은 어떨까? 20여 분 동안 계속해서 지켜봐야 하긴 하지만 그리 어려운 일은 아니다. 집에서 로스팅하려면 프라이팬에 생두를 넣되 너무 많이 넣으면 안된다. 약한 불로 가열하고 나무 주걱으로 끊임없이 저어 커피가 타지 않도록 한다. 크랙이 일어난 뒤 몇 분 더 지난 후 로스팅을 멈춘다.

커피를 볶는 동안 커피콩에서 얇은 막이 벗겨지는 것을 보게 될 것이다. 완전히 벗기려면 행주에 감싸서 비비면 된다. 커피가 균일하게 볶아졌다면 매우 잘한 것이다! 그 커피를 마시려면 최소 2일은 기다려야 한다는 사실을 잊지 말자.

카페에서 들을 수 있는 재미있는 이야기들

- 녹차가 얼마나 건강에 이로운지를 거만하게 떠벌리는 녹차 애호가 앞에서 어깨를 움츠릴 필요가 없다. 커피야말로 항산화 물질을 가장 많이 함유한 음료이기 때문이다. 게다가 특정 암과 심혈관계 질환, 신경퇴행성 질환의 위험을 예방하는 폴리페놀이 가장 많이 들어 있는 음료 중 하나이다.

- 커피 필터는 1908년, 독일인 밀리타 벤츠Melitta Bentz가 설거지하기 힘든 리넨 백 필터의 결점을 극복하기 위해 발명했다. 첫 번째 실험은 아들의 공책 종이로 했다. 그 결과가 어찌나 만족스러웠던지 아이디어를 더 발전시켜 사업을 시작하기로 했다. 그 뒷이야기는 모두 아실 테니.

- 숏 커피(단시간에 추출한 농축된 에스프레소)는 드립으로 오래 내린 커피보다 카페인 함유량이 훨씬 적다. 사실 카페인 함량에 영향을 주는 요인은 커피 양이 전부가 아니다. 커피와 물이 얼마나 오랫동안 접촉했는가 하는 점이 가장 큰 결정 요인이다.

- 긴 수염을 가진 레나토 비알레티Renato Bialetti의 모습은 그의 아버지가 1933년 발명한 이탈리아 모카포트의 상징적인 얼굴이다. 2016년 그의 장례식 때 그는 자신의 유골을 커다란 모카포트에 담아달라는 유언을 남겼다. 회사는 이제 자신의 것이 아니지만 죽을 때까지 기업 정신을 유쾌하게 유지하는 법을 그는 알고 있었다.

- 발자크는 커피에 미친 사람이었다. 하루에 커피를 50잔까지 마실 수 있었다고 한다. 어쩌면 이것이 그의 놀라운 글쓰기 능력의 비밀인지도 모르겠다. 하루에 18시간 동안 글을 썼다는 광적인 리듬으로 계산해 보면 거의 한 시간에 커피 석 잔을 마신 셈이다!

- 아마도 모르실 테지만 웹캠은 1991년 케임브리지 대학에서 처음 발명됐다. 그래서? 재밌는 것은 이 장치가 아주 특정한 목적으로 사용됐다는 것이다. 바로 커피메이커가 비어 있는지 가득 찼는지를 확인해서 사람이 쓸데없이 몸을 움직이지 않기 위함이었다.

- 카푸치노라는 단어는 이탈리아의 카푸친 수도사의 복장과 커피 위에 불쑥 솟아 있는 우유 거품의 모양이 닮았다는 데서 유래했다고 한다.
- 커피 소비자 750명을 대상으로 진행된 브라질의 한 연구에 따르면 커피를 마시는 사람들의 정자가 더 민첩하며 더 쉽게 움직인다는 사실이 밝혀졌다고 한다.
- 요한 제바스티안 바흐는 1734년에서 1738년 사이 라이프치히에서 커피 칸타타 24번을 작곡했다.
- 인당 한해 소비하는 커피가 12kg에 육박하는 핀란드는 세계에서 커피를 가장 많이 마시는 나라이다. 1~3위 시상대는 노르웨이와 아이슬란드가 마저 채웠다. 프랑스는 5.4kg을 소비해 중간 순위를 차지했다.

감사의 말

두 가지 의미로 이 모험을 함께 해 주고 지지해 준 마린Marine에게,
나의 열정이 직업이 될 수 있도록 도와준 막심Maxime에게,
이 책을 쓸 기회를 준 오드 드셀Aude Decelle에게,
항상 내가 나의 길을 직접 선택할 수 있도록 해 주신 나의 부모님께,
자신의 커피 지식을 내게 물려준 다니엘 샤를Daniel Charles에게,

에스페란자 카페Esperanza café의 플로렁Florent, 필립Philippe, 앙투완Antoine의 모험심과
지지에, 시간을 내주고 그들의 비법을 공유해 준 로라 플레노Laura Plaineau, 이반 알파로Ivan
Alfaro에게, 멋진 레시피를 공유해 준 디디에 르폰Didier Lepone, 카미유 라콤Camille Lacome, 아
가트 리슈Agathe Richou, 성드린 슈바이처Sandrine Schweitzer, 셀린 자리Céline Jarry, 마시모 산
토로Massimo Santoro에게, 프랑스 커피 조합과 엑스프레시옹 성테Expressions Santé 출판사, 브
랜드 보덤Bodum, 모닌MONIN, 드롱기De'Longhi, 케멕스Chemex, 에어로 프레스Aeropress, 하리
오Hario, 로크ROK,
아스카소Ascaso, 밀리타Melitta, 유라Jura, 에스프로Espro, 모카마스터Moccamaster, 비알레티
Bialetti, 벨코Belco, 그리고 스페셜티 커피 협회Specialty Coffee Association, SCA에게...

기초부터 배우는 커피

프랑스 최고 로스터의 특별한 커피 클래스

발행일	2021년 1월 5일
발행처	유엑스리뷰
발행인	현호영
지은이	프랑수아 에티엔
옮긴이	배혜영
편 집	박수현
주소	서울시 마포구 월드컵로 1길 14 딜라이트스퀘어 114호
이메일	uxreviewkorea@gmail.com
팩스	070.8224.4322
ISBN	979-11-88314-55-3

* 잘못된 책은 구입하신 서점에서 바꾸어 드립니다.
* 책값은 뒤표지에 있습니다.

유엑스리뷰는 독자 여러분의 소중한 아이디어와 원고 투고를 기다리고 있습니다. 원고
가 있으신 분은 uxreviewkorea@gmail.com으로 저자 소개와 개요, 취지,연락
처 등을 보내 주세요.

Le guide pratique du café
by François Etienne